다시,
집을
순례하다

JUTAKU JYUNREI · FUTATABI
by Nakamura Yoshifumi

Copyright © 2010 Nakamura Yoshifumi
All rights reserved.

Originally published in Japan by CHIKUMASHOBO Ltd., Tokyo

Korean translation rights arranged with CHIKUMASHOBO Ltd., Japan through THE SAKAI AGENCY and BC Agency, Seoul, Korea.

Korean Translation Copyright © 2012 by Sa-I Publishing

이 책의 한국어판 저작권은 BC 에이전시를 통한 저작권자와의 독점 계약으로 사이에 있습니다. 저작권법에 의해 한국 내에서 보호를 받는 저작물이므로 무단 전재와 복제를 금합니다.

다시,
집을
순례하다

20세기 건축의 거장들이 지은
달고 따듯한 삶의 체온이 담긴
8개의 집 이야기

나카무라 요시후미 지음 — 정영희 옮김

사이

목차

안도 다다오 / 스미요시 연립주택 / 일본 · · · · · · · · · · · · · · · 7

안도 다다오의 손편지 · 과묵한, 작은 상자와 같은 · 그윽한 콘크리트 동굴 ·
"얘야, 이 집 말이다……." · 이 집의 주인공은 누구인가요 · 거주자가 키워내는 집 ·
신발을 신은 채로 · "가구에 인색하지 마세요!" · 자신의 그릇에 맞게

찰스 임스+레이 임스 / 임스 부부의 집 / 미국 · · · · · · · · · 41

논쟁, 구름을 타다 · 장난감 기차 · 케이스 스터디 하우스 ·
생활을 집어넣을 수 있는 간소한 상자 · 암갈색의……, 페이드아웃

찰스 무어와 동료들 / 시 랜치 / 미국 · · · · · · · · · · · · · · · · 59

아버지 · 춥고 황량한 언덕 위에 · 시 랜치 열병 · 상자 안에 상자, 그리고 또 상자 ·
거친 나무들의 축제 · 그 집에서 잠을, 깨보다 · 건축적이며, 동시에 생활적인 ·
헛간이 있는 풍경 · "그걸로도 좋고말고!" · 몽상을 키우는 집 · 월광욕

피에르 샤로 / 메종 드 베르 / 프랑스 · · · · · · · · · · · · · · · · 103

높은 문턱 · 오래된 건물을 개축한 · 병원 위에 놓인 집 · 빛의 기적, 빛의 궁전 ·
모눈종이 유리렌즈 · 움직이고, 움직이는 · 계단을, 캐스팅하다 · 대장간의 우두머리

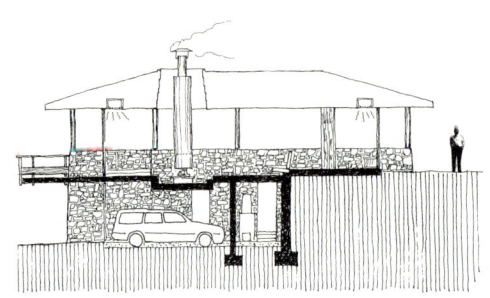

루이스 바라간 / 루이스 바라간의 집 / 멕시코 · · · · · · · · · · · · · · 129
멕시칸 컬러 · 로즈핑크색 벽, 그리고 전화기 · serenided=평온 · 정사각형과, 추억에 바쳐진 공간들 ·
옥상의 무언극 · 옴니버스 영화 · 집은, 고독한 내 마음이 살 수 있는 곳 · 색을 만지는 사람 ·
졸졸졸 떨어지는, 물 · 두 명의 루이스 · 그에게 보석은······, 추억

안젤로 만자로티+브루노 모라스티 / 까사 그랑데 / 이탈리아 · · · · · · · 173
지나온 날들 · 조립식으로 지은 집 · "허허, 1층이 아니었네!" ·
"휴, 이 의자가 있어 다행이다!" · 쌍둥이 산장

한네 키에르홀름+파울 키에르홀름 / 키에르홀름의 집 / 덴마크 · · · · · · 199
무대 뒤 이야기 · 도로에서 몸을 숨긴 · 한네 아주머니 · 건축과 생활이 서로 침투하여 ·
"월출이라······, 그렇군요." · 남편, 가구, 그리고 침실 · 창고의 반전

필립 존슨 / 글라스 하우스 / 미국 · · · · · · · · · · · · · · · · · · 225
한 권의 책 · 풍경건축+건축놀이 · 글라스 하우스 · 브릭 하우스 · 파빌리온 · 그림 갤러리 ·
조각 갤러리 · 서재 · 고스트 하우스 · 링컨 커스틴 타워 · 다 몬스타 ·
에필로그: 하늘로 향하는 글라스 하우스

글을 닫으며 · 296
독자들을 위한 주택순례 안내도 · 300

Sumiyoshi Row House

안도 다다오 · 스미요시 연립주택
일본 / 오사카 / 1976년

안도 다다오 Ando Tadao, 1941-

1941년 오사카 시타마치에서 태어났다. 건축가가 되기 전에 프로 권투선수였다는 것과 독학으로 건축을 공부한 것으로 유명한데 이런 면에서 전설적이기까지 하다. 1965년 유럽, 미국, 인도 등을 반년에 걸쳐 여행하며 처음으로 세계 각지의 풍토와 문화, 건축을 접하게 된다. 아마도 이 시기에 〈세계를 종횡무진 누비는 건축가〉가 탄생하게 되었고, 이후에도 1967년 미국 대륙횡단 여행을 시작으로 세계 각지로의 건축 여행을 거듭했다. 귀국 후 1969년에 〈안도 다다오 건축 연구소〉를 설립했다. 〈스미요시 연립주택〉으로 1979년 일본건축학회상을 수상한 후 알바 알토상, 요시다 이소야상, 일본예술원상, 프리츠커상 등 건축가에게 수여되는 상이라는 상은 모두 휩쓸었다. 수많은 작품 중에서도 특히 내가 좋아하는 것은 〈스미요시 연립주택〉, 〈빛의 교회〉, 〈타임즈〉, 〈미나미데라南寺〉 등 비교적 소규모의 작품이다. 파리의 〈피노 현대미술관〉 등 현재 진행 중인 해외 프로젝트도 대단히 기대된다.

Ando Tadao
Sumiyoshi Row House

안도 다다오의 손편지
—

2000년 8월, 건축가 안도 다다오 씨로부터 갑작스런 편지가 도착했습니다. 짧은 내용이었지만 큼직하고 읽기 쉬운 글씨체로, 안도 씨가 직접 손으로 쓴 편지였습니다.

제가 아날로그적인 인간인 탓인지도 모르겠지만, 이메일을 주고받는 것이 주류가 된 지금 손으로 쓴 훈훈한 내용의 편지를 받거나 하면 무언가 가슴 한구석에 작은 등불이라도 켜진 듯 포근한 기분이 듭니다.

이런 제가 〈세계의 안도〉라 불리는 사람에게 예상치 못한 손편지를 받은 것이니 그야말로 저에게는 꽤나 큰 사건이었지요. 게다가 그 편지의 내용은 마음을 훈훈하게 만들다 못해 제 가슴을 뜨겁게 고동치게

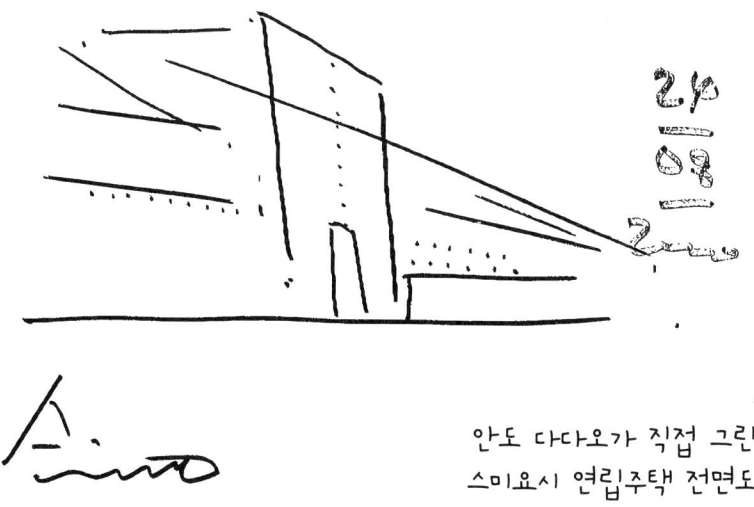

안도 다다오가 직접 그린
스미요시 연립주택 전면도

만들었습니다. 그는 편지에 제가 쓴 『집을, 순례하다』를 흥미롭게 읽고 있다고 했고(이렇게 기쁠 수가 있을까요!), 마지막 부분에는 "스미요시 연립주택도 꼭 한 번 보러 오세요."라고 썼습니다.

   더구나 최근 스위스의 한 출판사에서 출간된 친필 사인한 작품집도 편지와 함께 보내주었는데, 책 속에는 스미요시 연립주택의 훌륭한 자필 스케치 세 점이 그려져 있었습니다. 그 스케치가 견학에 초대하는 안도 씨 방식의 결정타임에 틀림없다고 마음대로 해석한 저는 서둘러 감사의 답장을 썼고, 편지 속에서 스미요시 연립주택 견학을 제 쪽에서도 정식으로 부탁드렸습니다. 감사와 더불어 부탁의 말씀까지 드리

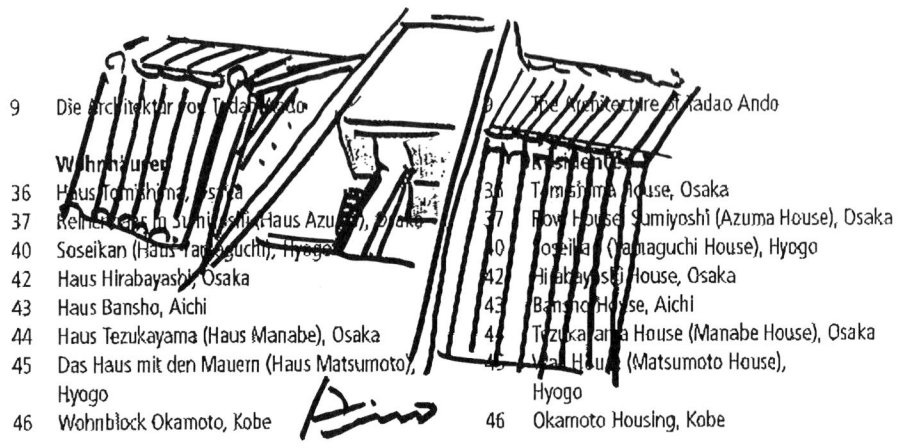

스위스에서 출간한 책자에 들어 있는 스미요시 연립주택의 스케치

는 것은 제가 봐도 너무나 뻔뻔스러운 일이었지만, 출판이 예정된 『집을, 순례하다』의 후속편인 『다시, 집을 순례하다』에 스미요시 연립주택을 꼭 수록하고 싶었던 터라 참으로 절묘한 타이밍이었습니다.

저는 답장을 겸한 그 편지를 〈연필 끝을 잘근잘근 씹는〉 심정으로 썼다 구겼다 버리기를 수차례 반복하고서야 겨우 완성해서 보낼 수 있었습니다. 그러나 이 편지에 대한 안도 다다오 씨의 반응은 실로 빨랐습니다. 전직 프로 권투선수였던 안도 씨의 반사신경은 아직도 건재했습니다. 스미요시 연립주택의 건물주인 아즈마 사지로 씨에게 연락을 넣어 견학의 허가를 받아준 것은 물론, 안도 다다오 건축연구소 측의 베테랑 스태프 A씨를 이번 견학의 담당자로 붙여주셨습니다. 그리고 A씨는 스미요시 연립주택 전면도 제본과 주요 관련 기사 묶음 등 견학을 위한 자료를 택배로 보내주셨구요. 이 모든 일이 제가 답장을 보낸

지 겨우 일주일도 경과하지 않은 사이에 진행되었습니다.

놀라운 속도와 섬세한 배려, 적확한 지시와 시원시원한 기질. 지금까지 저는 안도 씨의 범상치 않은 재능과 파워에서 탄생되는 독창적인 작품들이 각각 어떠한 실제적인 과정을 거쳐 탄생하게 되는지에 대해서는 생각해 보지도 못한 채 그저 감탄하며 바라보기만 해왔습니다. 그런데 등 뒤에서 그의 작업을 단단히 받쳐왔던 것이 방대한 잡무를 재빠르게 처리하는 탁월한 능력과 섬세함, 주도 능력, 각 사항을 확실하게 앞으로 끌고 가는 파워풀한 추진력이었다는 사실을 그때 처음으로 깨닫게 되었습니다.

과묵한, 작은 상자와 같은

안도 씨 측의 스태프 A씨가 애써 재빠르게 준비해 주셨음에도 불구하고 9월과 10월에 해외로 취재여행을 갈 일이 있어 늦가을로 견학이 미뤄지고 말았습니다.

11월 12일, 청명하게 맑은 하늘의 일요일에 친구이자 『집을, 순례하다』의 편집 담당자이기도 한 마쓰카 씨와 저는 드디어 스미요시 연립주택을 향해 길을 나섰습니다.

예정보다 다소 이른 시간에 근처 역에 도착한 우리들은 나들이옷을 차려입은 아이들로 북적거리는 스미요시 신사의 경내를 통과해 목적지인 스미요시 연립주택에 도착했습니다. 그리고 견학에 동행해 주기로 한 안도 연구소의 A씨를 만나기로 한 약속시간까지는 시간이 좀 남아서 주변을 천천히 돌아보았습니다.

스미요시 연립주택이 세워질 당시의 이 부근은 연립주택들이 나란히 서 있어 시타마치(서민들과 상공업자가 몰려 살던 지역)의 풍모가 진하게 남아 있었을 테지만, 지금은 오래된 가옥 대부분이 사라졌고 요즘 유행하는 싸구려 프리패브 주택(공장에서 부품과 자재를 미리 가공한 후 현장에서는 조립만 해서 짓는 주택)으로 바뀌고 있는 중이었습니다. 그럼에도 군데군데 남아 있는 목조 연립주택 앞을 우연히 지나치게 되면 그 건물을 진득하게 바라보며, "이런 건물 사이의 중간을 마치 양갱이라도 자르듯 들어낸 후, 여러 어려움을 무릅쓰고 그 자리에 〈콘크리트 상자〉를 집어넣어 만든 것이 바로 스미요시 연립주택이구나."라고 상상해 보기도 했지요.

25년 전, 이곳을 찾은 안도 씨는 실로 터무니없는 아이디어를 떠올렸고, 생각하는 것만으로 그치지 않고 그 아이디어를 직접 실현해 버렸습니다. 실제로 이곳에 와서 보니 말로 표현하지 못할 정도로 힘들었을 공사 과정과 그것을 묵묵히 이겨낸 건축가 안도 다다오 씨의 놀라운 재능을 한결 더 가깝게 느낄 수 있을 것 같습니다.

얼마나 힘든 공사였는지에 대해서는 입도 뻥긋하지 않은 채 아무런 기색조차 드러내지 않은 스미요시 연립주택은 그 〈과묵하고 금욕적인〉 건물의 정면이 거리를 향하고 있습니다. 도로에서 보이는 것이라고는 건물 한가운데에 출입을 위한 구멍 하나만 뚫려 있는 〈무뚝뚝한〉 느낌의 콘크리트 벽, 단지 그것뿐입니다. 이 집이 지어질 당시에는 스미요시 연립주택의 오른쪽 집이 대중목욕탕이었지만 폐업을 한 모양인지 지금은 그런 기색을 찾아볼 수가 없습니다. 예전 사진을 보면 대중목욕탕의 커다랗고 컬러풀한 포렴(술집이나 복덕방의 문에 간판처럼 늘인

스미요시 거리와 자연스레 어울리는 스미요시 연립주택. 사진으로 보는 것보다 훨씬 더 부드러운 인상을 받았던 이유는 아마도 건물의 사랑스러운 〈크기〉 때문일 겁니다.

베 조각)과 스미요시 연립주택의 발포 콘크리트 회색 벽면이 꽤나 재미있는 대비를 보여주고 있었는데 말입니다.

　변하지 않은 것은 이 집의 절묘한 크기로, 무뚝뚝하다고 쓰기는 했지만 그것이 사람을 거부한다는 의미는 아닙니다. 과묵한 이 집은 남의 비위를 맞추기 위해 억지웃음을 짓지는 않아요. 그러나 〈작은 상자〉와도 같은 건물의 크기만으로도 충분히 사랑스럽기 때문에 까치발로 서

무뚝뚝한 콘크리트 벽에 출입을 위한 개구부만 덜렁 하나.
스미요시 〈연립주택〉이라는 이름 때문에
이 벽 너머로 연립주택이 줄줄이 늘어서 있을 거라
상상한 경찰도 있었다고 하네요.

서 어깨동무라도 해보고 싶을 정도의 친밀함을 느끼게 해줍니다. 콘크리트로 만들어진 작은 상자와도 같은 이 집은 형태는 물론 소재에 있어서도 전통적인 연립주택과는 전혀 딴판으로 만들어졌습니다. 하지만 그와 동시에 전통적인 서민 주거 지역의 인간미를 느끼게 하는 〈휴먼 스케일〉로 만들어져 있습니다. 그것이 바로 스미요시 연립주택의 최대 매력이지요.

그윽한 콘크리트 동굴

콘크리트 벽에 뚫려 있는 구멍으로 잠입하듯 들어가면 현관문이 왼쪽으로 숨어 있습니다. 이 집에 살고 계신 아즈마 사지로 씨가 직접 현관문을 열어주셨는데, 보이시한 스타일의 부인 준코 씨와 함께 서서 웃는 얼굴로 저희를 맞아주셨습니다. 밝은 통로를 따라 실내로 들어서니 그곳은 분위기가 완전히 바뀌어, 낮은 천장이 특별한 편안함을 내뿜고 있는 콘크리트 동굴과도 같았습니다. 의외였던 점은, 실내를 채우고 있는 것이 사진으로 보며 상상했던 차가운 공기가 아니라, 동물의 둥지에서나 느낄 수 있는 포근하고 친밀한 공기였다는 사실입니다. 〈동물의 둥지〉라고 하기보다는 〈생명체가 깃들어 있는 기운〉이라고 하는 편이 더 나을까요? 어딘가 정겹고 따뜻하며 촉촉한 공기에서 제가 어릴 적 덮었던, 제대로 된 솜이 들어 있던 묵직한 겨울 이불 속의 공기를 떠올리게 되었지요.

그리고 실내에는 낮은 소리였지만 기분 좋은 재즈 음악이 공간을 가득 채우고 있어 편안한 느낌에 한층 더 진한 따뜻함을 더해주고 있었습니다. 말이 나온 김에 하는 말이지만, 사실 그 음악은 소니 클라크의 〈쿨 스트러틴Cool Struttin〉이라는 앨범으로, 모던 재즈의 열혈팬인 제가 학창시절에 질리지도 않고 듣던 음악이었지요. 그리움이 등을 밀어 "아!" 하는 감정으로 주변을 둘러보니 그 소리는 CD가 아닌, 툭툭 튀는 조그마한 바늘소리마저 귀에 따뜻한 LP 레코드에서 흘러나오고 있었습니다. 예전과 마찬가지로 턴테이블 위를 33회전하며 느릿하게 돌고 있었지요.

내부를 견학하기 전에 우선 그곳(현관에서 들어간 곳에 있는 안락한 재즈 카페 같은 곳이 거실입니다.)에서 스미요시 연립주택의 설계와 공사 과정, 안도 다다오 씨와의 오랜 세월에 걸친 친분, 그리고 완성부터 24년이 경과한 지금까지도 전설처럼 말이 전해질 정도로 강한 인상을 가진 주택에서의 일상적인 생활방식과 주거의 안락함에 대한 이런저런 이야기를 아즈마 씨 부부로부터 들을 수 있었습니다.

사지로 씨는 자연스럽게 이야기를 잘 하는 분이셨어요.

그의 이야기는 어디까지나 단도직입적이었고, 빙빙 돌리는 말투나 알기 어려운 표현은 사용하지 않았습니다. 또한 이야기를 흥미롭고 재미있게 각색해서 들려주는 타입이 아님에도 불구하고 생동감 넘치는 표정과 몸짓, 타이밍이 좋은 말솜씨에 사로잡혀 그의 이야기에 흠뻑 빠져들고 말았지요. 사지로 씨는 오래된 이야기에 가끔 기억이 흐릿해지면 "그거 어떻게 된 거였지?"라며 곁에서 미소를 띤 채 듣고 있던 부인 준코 씨에게 물어봅니다. 그럼 질문을 받은 준코 씨는 머뭇거림 없이 "그때 이러저러해서 이렇게 되었죠."라며 밝은 목소리로 답을 해주었습니다. 그러면서 대화의 범위와 분위기는 한층 더 고조되고는 했지요.

발포 콘크리트 벽을 쓰다듬듯 표정이 풍부한 자연광이 안마당에 사뿐히 내려있고 있습니다. 문이 열려 있는 곳이 거실입니다.

건축주인 아즈마 사지로 씨와 아내인 준코 씨. 스미요시 연립주택을 논하는 데 있어 이들보다 더 나은 인물은 없지요. 이야기 솜씨가 좋은 명콤비입니다. 안쪽에서 웃고 있는 관객은 이 책의 편집자인 마쓰카 씨입니다.

그들의 이야기는 무엇 하나 흥미롭지 않은 것이 없었고, "이럴 줄 알았으면 녹음기라도 준비해올걸."이라는 후회가 밀려들었습니다. 하지만 이왕지사 이렇게 된 것, 대신 집중해서 열심히 들었습니다. 그런데 듣는 것에 너무 심취한 나머지 간단한 메모를 하는 것조차 완전히 잊어버리고 말았네요.

"애야, 이 집 말이다……."

아즈마 씨 부부의 이야기는 이 집에서 25년 동안 살아온 거주자로서 느낀, 있는 그대로의 의견과 감상이기 때문에 그야말로 진정성이 담겨 있고 설득력이 있었습니다. 또한 그 이야기들에 주의 깊게 귀를 기울이다 보면, 그것이 아무리 작고 소소한 에피소드일지라도 자신들의 집에 대한 깊은 애정과 설계자인 안도 다다오 씨에 대한 신뢰와 경의의 심정이 마치 조용한 바소 콘티누오(저음이 강조되는 바로크 시대의 음악 양식 중 하나)처럼 들려오고는 합니다.

사지로 씨가 말하고 준코 씨가 그것을 옆에서 확실하게 보충해가는 식으로 이야기가 진행되는 동안, 두 분의 매끄러운 오사카 사투리로 인해 베테랑 만담 콤비의 절묘한 대화가 연상되기도 했습니다. 그러나 또 한편으로는 스미요시 연립주택이 주는 〈즐거움〉과 〈어려움〉이 거주하는 사람에게 있어서는 상상 이상의 엄청난 것이라는 사실 또한 새삼스레 통감하기도 했습니다. 재미있는 여러 일화들에 감동하기도 하고 생각할 거리를 받아안기도 하면서 말이지요.

모처럼의 기회이니 기억을 더듬어 제가 들었던 이야기들을 풀어보도록 할게요. 예를 들어, 이 집은 겨울이면 얼음창고처럼 꽁꽁 얼어붙어 대단히 춥지만, 그런 겨울보다 더 괴로운 때가 여름이라고 합니다. 잠들지 못해 괴로운 한여름 밤, 더위를 견디다 못해 "지붕 위라면 바람도 있을 테니 웬만큼은 시원하게 잘 수 있겠지." 싶어 두 분이 옥상으로 올라간 적이 있다고 합니다. 하지만 하루 종일 내리쬔 뙤약볕의 열기가 그대로 저장된 옥상의 슬라브 바닥이 마치 난방이 들어오는 방바닥처럼 열기를 내뿜고 있어 도무지 잘 수가 없었다고 합니다. (즉, 두 분

안마당에는 화분이 계단 올라가는 곳과 대각의 위치관계를 이루고 있습니다. 때문에 안마당이 꽤나 깊이감 있게 느껴집니다. 애용하는 자전거도 안마당의 오브제 같네요.

은 〈뜨거운 양철 지붕 위의 고양이〉 신세가 되었던 것이지요.) 지친 몸으로 다시 내려오기는 했지만 사우나 같은 실내로 돌아갈 마음은 나지 않았고, 결국 안마당을 가로지르는 다리에서 마치 손전등 속에 직렬 연결된 두 개의 건전지 모양처럼 누워 잠들었다고 합니다.

그리고 안마당의 다리 에피소드에서 한신대지진 때의 이야기로 넘어가는데, 콘크리트 벽 구조로 인해 튼튼해 보이는 이 집도 그 당시 상당히 크게 흔들렸는데, 이층의 침실에서 자고 있던 아즈마 씨는 순간적으로 안마당의 다리가 무너진 것이 틀림없다고 생각해 어떻게 안마당으로 내려가 대피할 것인지 심각하게 고민했다고 합니다. 그리고 날

씨가 좋은 휴일 등에는 아침부터 밤까지 꼬박 하루 종일 안마당에서 시간을 보내면서 불어오는 바람을 온몸으로 느끼며 햇살을 만끽하고, 시야에 들어오는 하늘과 흘러가는 구름을 올려다보거나, 콘크리트 벽에서 천천히 변해가는 그림자가 만들어내는 해시계를 자신들도 모르는 사이 눈으로 좇으며 보내는 등, 단순하고 소박하면서도 굉장한 사치를 맛본다는 놀라운 이야기로 연결됩니다.

역 앞 파출소의 경찰이 길을 묻는 외국인 건축가를 데리고 왔을 때의 이야기는 무척이나 재미있었습니다. 외국에서 온 스미요시 연립주택 견학자와 함께 길을 찾는 동안, 그로부터 〈연립주택〉이라는 말을 계속 들었기 때문에 그 경찰의 머릿속에는 동별로 나뉜 연립주택이 잇달아 서 있는 거리 풍경이 그려졌던 모양입니다. 주소에 의지해 간신히 아즈마 씨의 집을 찾아낸 것까지는 좋았는데, 콘크리트 정면의 사각형 입구를 이상하다는 듯 유심히 들여다보며 "이 안에 연립주택이 여러 채 들어서 있다는 건가?"라는 식의 말을 작은 목소리로 혼자 중얼거리며 몹시도 집 안을 들여다보고 싶어 했다는 것입니다.

순간 그 경찰이 상상한 것처럼, 약 14미터 길이에 폭이 겨우 3.3미터인 콘크리트 담장 안에 있는, 시타마치의 정경이 가득한 연립주택의 거리 모습을 상상해 보았습니다. 중앙에는 골목이 있고 그 가운데쯤에 있는 우물가의 양지 바른 곳에서는 아낙네들이 남의 집 소문으로 이야기꽃을 피우고, 그 옆에서는 아이들이 딱지치기 놀이에 열중하고. 그런 광경들이 뇌리 속 여기저기에 떠올라 흐뭇한 기분이 들었답니다.

마지막으로 에피소드를 하나만 더 소개할까 합니다. 어딘가 페이소스를 느끼게 하는 인상적인 에피소드이지요.

집이 완성된 후 이사도 끝내고 겨우 분위기가 차분해졌을 무렵, 에

전에 연립주택에서 생활한 적이 있는 아즈마 씨의 어머니께서 이 집에 오셨다고 합니다. 어머니로서는 아들이 자랑스럽게 여기고 있는 새 집이 도대체 어떤 집일지, 예전에는 다소 어두컴컴했던 연립주택의 한 부분이 어떤 식으로 새로 아름답게 만들어졌을지 두근두근하는 기분이었을 겁니다. 그러나 아시다시피 그 〈새 집〉이라는 것이 안팎 모두 발포 콘크리트로 되어 있어 보통 사람 눈에는 아무리 보아도 현재 〈공사 중〉인 건물로 보일 겁니다.

게다가 집이 완성되었다손 치더라도 사람이 편리하고 쾌적하게 생활할 수 있는 집이라고는 말하기 힘든 구조와 마무리, 알기 쉽게 표현하자면 그저 〈콘크리트 상자〉일 뿐이니 말입니다. 아즈마 씨의 말에 따르면, 딱 그때쯤 일본건축학회상의 심사를 위해 방문한 건축계의 중진 인물조차 그 콘크리트 상자가 도무지 집이라고는 여겨지지 않았던 모양입니다. 전문가로서 그 집의 감상에 대한 질문을 받았을 때 당혹해한 그 건축계 인사는 "이 집의 차는 정말 맛있군요."라며 그때 마시고 있던 차 맛을 칭찬하며 이야기를 얼버무렸다는 에피소드가 있을 정도였습니다. 그러니 나이 드신 어머니께서는 크게 혼란스러우셨을 것이며, "무슨 이유로 아들 부부가 이런 집을 지었을까?" 하며 마음 깊이 측은해하셨을 거라고 추측이 되네요.

집을 한 번 둘러보고 난 후, 어머니께서 방심한 상태가 되셨던 것인지(혹은 단순히 역광 때문에 보지 못했을 수도 있지만요.) 식당 쪽에서 안마당으로 나와 거실로 돌아갈 때 통창 유리로 되어 있는 부분을 통과하려다가 안타깝게도 쾅! 하고 머리를 크게 부딪쳤다고 합니다.

그리고 한숨 돌리고 난 후, 자못 걱정스러운 표정으로 아들의 얼굴과 콘크리트 상자의 내부를 교대로 바라보시다가 불쑥 이런 말씀을 하

안마당은 기분 좋은 외부의 거실, 식당으로 일상생활에서 늘 사용되고 있었습니다. 게다가 콘크리트 벽은 빛에 따라 시시각각 그 표정이 바뀌지요.

거실에서 통창을 통해 안마당을 바라봅니다. 콘크리트 벽에 둘러싸여 있는, 커다란 그릇 안에 담긴 채소와 과일, 화분 속 식물의 초록이 무척이나 아름답습니다.

셨다고 합니다.

"사지로, 이 집 말이다……, 언제 완성되는 거니?"

이 집의 주인공은 누구인가요

아즈마 씨의 이야기가 결국 길어지고 말았네요.

사실 저는 길어질 것을 이미 알고 있었지만, 꼭 이 이야기들을 독자 여러분들게 들려주고 싶었습니다. 왜냐하면 지금까지 스미요시 연립주택에 대해서는 셀 수 없을 정도로 많은 견학기와 평론이 있었고 그러한 〈스미요시 연립주택론〉을 발견하게 될 때마다 빼놓지 않고 읽어 보았지만, 이상하게도 실제 그 집에 살고 있는 아즈마 씨 부부에 대해 쓰인 것은 거의 찾아볼 수 없었기 때문입니다. 스미요시 연립주택을 방문해 두 분을 만나서 이야기를 듣는 동안 그러한 사실이 너무나도 이상하게 느껴지기 시작했습니다.

즉, "이 집의 거주자인 두 분이야말로 스미요시 연립주택이라는 건축물에 〈따뜻한 피〉를 돌게 해 이 집을 〈체온의 온기〉를 느낄 수 있는 명작 건축으로 만든 주인공이자 공로자인데, 왜 아무도 이런 이야기는 쓰지 않는 것일까?"라는 극히 소박한 의문이 들었지요.

아즈마 씨 부부의 평온한 일상생활이야말로 스미요시 연립주택의 진정한 〈주인공〉이라는 사실을 확실히 느낄 수 있었던 것은, 그들 부부와 이야기를 나누는 마쓰카 씨와 A씨의 대화에서 잠시 자리를 떠 사진을 찍고 간단한 스케치 메모를 하던 때였습니다.

계단을 올라가던 도중이나 다리 위, 혹은 안마당과 안마당을 끼고 있는 주방이 있는 곳에서 취재 작업을 하고 있자니, 네 명의 목소리가 한데 뒤섞이는 거실의 활발한 이야기 소리와 유달리 밝고 화사한 준코 씨의 웃음소리가 콘크리트 벽에 부딪혀 증폭되어 들려왔습니다. 그런데 그 소리들이 뭐라 표현할 수 없을 정도로 즐겁게 들려 자연스럽게 저까지 미소를 짓게 되고 마음마저 편안해졌지요. 아마 그 소리로 인해 "이 집에는 이 집을 더없이 사랑하는 사람들의 생활이 묻어나고 있다."는 사실을 절실히 느낄 수 있었고, "저 유쾌한 웃음소리가 하나의 주택 작품을 인간의 거처로 변모시키고 승화시켰다!"고 직감했던 것인지도 모릅니다.

저는 미스 반 데어 로에의 〈판스워드 주택〉으로 대표되는 아름답고 고혹적인 명작 주택들에 대해 잘 알고 있습니다. 또한 매달 받아보는 건축 전문지를 넘겨보다 보면, 국내를 불문하고 건축적인 독창성이나 예술성을 목적으로 한 작품성이 뛰어난 주택들이 당당히 설계되어 오고 있다는 사실도 잘 알 수 있지요. 그러나 그 대부분의 경우 〈주택이라는 이름의 대형 전시관〉일 뿐, 제 눈과 마음에 와 닿는 주거 공간은 아니었습니다.

이런 〈파빌리온(대형 전시관) 주택〉의 특징은 건축가의 주의주장과 미의식을 뒷받침하는 건축 그 자체가 주인공이기 때문에, 실제 거주자는 방 한구석에서 〈건축의 안색〉을 살피며 다소간은 조심스럽게 살아갈 수밖에 없습니다. 그리고 원래대로라면 기골이 뚜렷하고 고집스러운 스미요시 연립주택은 이러한 파빌리온 주택이 되더라도 하등 이상할 것 없는, 아니 분명히 그런 주택이 되었을 겁니다. (안도 씨, 죄송해요!) 그러나 커다란 포용력과 인내력(?!), 그리고 생활인으로서의 센스와 낙천적인 성격을 소유한 이 집의 거주자 아즈마 씨 부부는, 마치 야생마에 능숙하게 올라타듯 오랜 세월 동안 이 집에서 잘 생활해 왔고, 그런 과정을 통해 스미요시 연립주택을 제가 이상적으로 그리고 있는 집으로 〈길들여 왔다〉는 생각이 듭니다. 물론 그것의 상징적인 일례가 바로 집 안에 메아리치는 웃음소리이지요.

거주자가 키워내는 집

집 내부를 조금만 주의 깊게 둘러보면 아즈마 씨 부부가 아니라면 생각해낼 수 없을, 집을 이용하는 지혜와 생활방식의 아이디어가 여기저기 엿보입니다. 이러한 생활의 흔적이 스미요시 연립주택을 단순한 〈파빌리온 주택〉에서 〈살아 있는 인간의 집〉으로 끌어올린 요인으로 생각되기 때문에 흥미가 끊이질 않았습니다.

　아즈마 씨 부부는 스미요시 연립주택의 건축적인 테마에 공감하고 그 콘셉트를 최대한으로 존중해가는 한편, 그들다운 생활방식을 강하게 고수해 오고 있었습니다. "스미요시 연립주택이라고 하는 토대 위에서 〈건축가〉와 〈거주자〉가 팽팽한 정면대결을 하며, 쌍방 모두 한 치도 물러서지 않는 박빙의 승부를 하고 있다."고 쓴다면, 제가 말하고자 하는 바를 독자 여러분들도 약간은 이해하실 수 있지 않을까요?

　예를 들어 이 집의 벽과 천장은 직각으로 교차되지 않고 건축 전문용어로 〈헌치(haunch, 기둥과 천장의 꺾이는 부분에 사선으로 덧대는 것)〉라 부르는, 45도 각도의 구조적으로 유효한 작고 비스듬한 벽이 설치

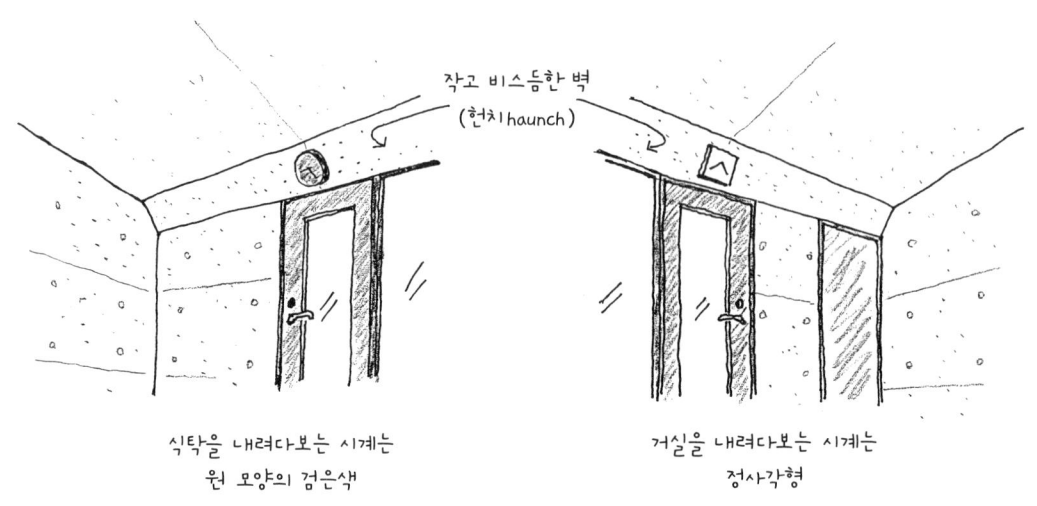

되어 있는데, 거실이나 주방에 설치되어 있는 이 비스듬한 벽의 각도를 이용해 그곳에 시계를 걸어둔 것을 발견하게 됩니다. 이렇게 걸어두면 시계의 위쪽이 들려 아래쪽을 내려다보게끔 되기 때문에 의자에 앉아 밑에서 올려다볼 때 시계 보기가 상당히 편해지죠. 이런 작은 아이디어를 현장에서 실제로 발견하게 되니, 그 아이디어를 떠올렸을 때 두 분이 지었을 만족스러운 미소가 그려지며, "여기 좋은데!"라며 감탄하는 소리마저 들려올 것 같았습니다.

같은 식의 아이디어를 현관 부근에서도 발견했습니다.

현관문을 열고 들어간 오른쪽에 콘크리트 벽의 두께가 그대로 드러난 부분이 있는데, 50센티미터 남짓한 그 콘크리트 두께에 딱 맞춰 얇고 긴 거울이 붙어 있습니다. 때문에 집을 나설 때 문을 조금 열어 둔 상태에서 들어오는 자연광으로 외출시 옷매무새를 체크할 수 있지요. 이 좁은 거울을 보는 동안, 문득 오 헨리가 쓴 「현자의 선물」이라는 단편소설에도 이와 마찬가지의 좁고 긴 전신거울이 등장한 장면이 떠올

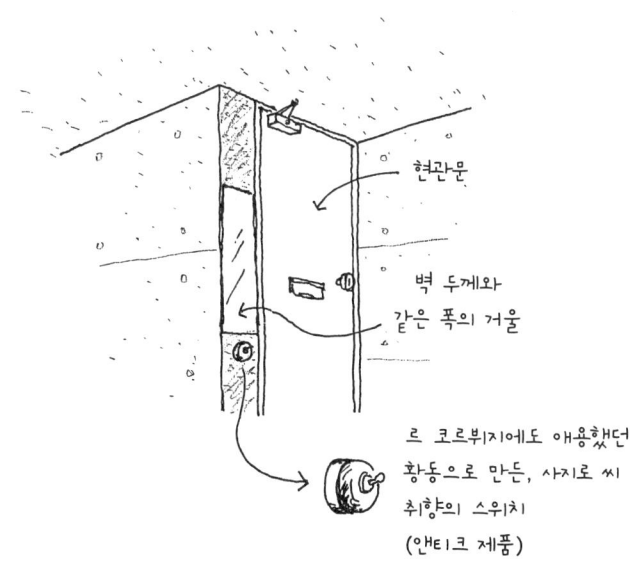

랐습니다. 아마도 "몸놀림이 민첩하고 마른 사람이라면 세로로 조각나 비치는 자신의 모습을 재빠른 상상으로 연결해 맞춰볼 수 있다."는 식의 멋들어진 표현이었을 겁니다. 어쩌면 현관 거울의 아이디어가 오 헨리의 책에서 비롯되었을지도 모르는데, 안타깝게도 그 부분에 대한 질문을 깜빡하고 말았네요.

이런 식으로 쓰다 보니 어쩐지 스미요시 연립주택의 평면 계획이나 공간 구성 등 본질적인 이야기는 하지 못한 채 세부적인 것에만 집중하고 있는 듯해 껄끄럽기는 합니다. 그러나 스미요시 연립주택을 견학하면서 〈거주자의 입장〉에서 생각해 보니, 이렇듯 생활의 실마리가 되는 부분이 모이고 쌓인 것이 바로 〈집〉이 아닐까 하는 생각이 든 것도 사실입니다. 또한 집이란, 온갖 사소한 부분까지 그곳에 사는 사람이 제 몸의 일부처럼 소중하게 생각하는 곳입니다. 그러므로 주택 설계를 직업으로 하는 건축가로서의 자성과 함께 아무리 사소한 부분이라도 소홀히 해서는 안 된다는 극히 당연한 사실에까지 생각이 미치게 되었습니다.

안도 다다오 씨가 몸과 마음을 다 바쳐 만들어냈음이 틀림없는 스미요시 연립주택은 불필요한 군살을 벗겨낸, 근원적인 집의 매력과 형태를 느낄 수 있는 걸작이라는 사실은 분명합니다. 그러나 반복해서 말하지만, 이 집은 느슨한 마음으로 편하고 쾌적하게 살 수 있는 사근사근하고 속 편한 집은 결코 아닙니다. 아즈마 씨 부부는 더위와 추위, 비

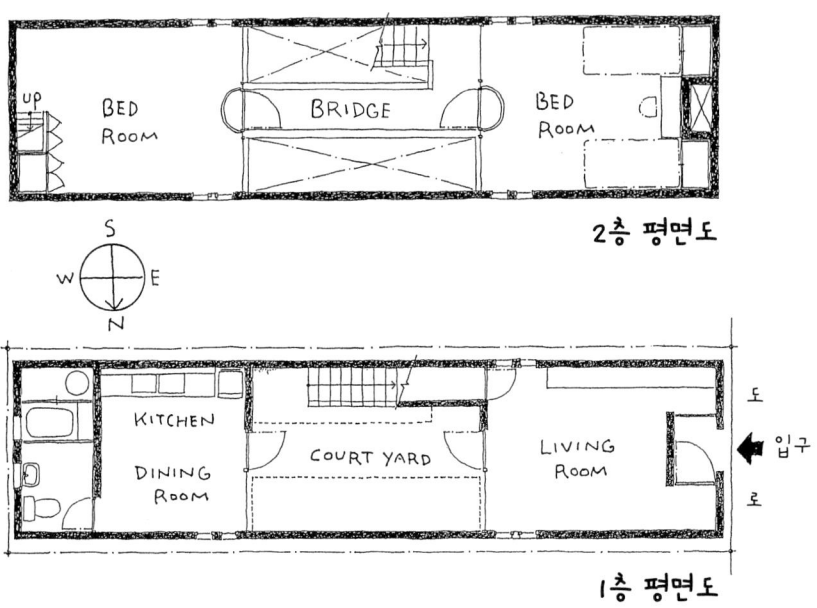

"완성 당시에는 비기능적인 구성, 붙임성 없는 외관 때문에 세인들에게 건축가의 횡포라며 엄청난 비난을 받았습니다. 그러나 건축주인 아즈마 씨 부부는 20년 이상이 흐른 지금까지도 개축 한 번 하지 않고 계속해서 이 집에서 살고 있습니다."

-안도 다다오, 『건축의 꿈을 꾸다』 중에서

와 바람, 태양의 빛 등 자연의 온갖 은혜와 가혹함에 있어 좋고 나쁨을 가리지 않고 있는 그대로 다 받아들인 다음, 오랜 세월에 걸쳐 공을 들이고 애지중지하며 스미요시 연립주택을 지금의 모습으로 키워내 왔습니다. 스미요시 연립주택을 건축적으로 논하기보다 이런 면에 대해 독자 여러분께 먼저 전하고 싶었습니다. 제 마음, 이해되시죠?

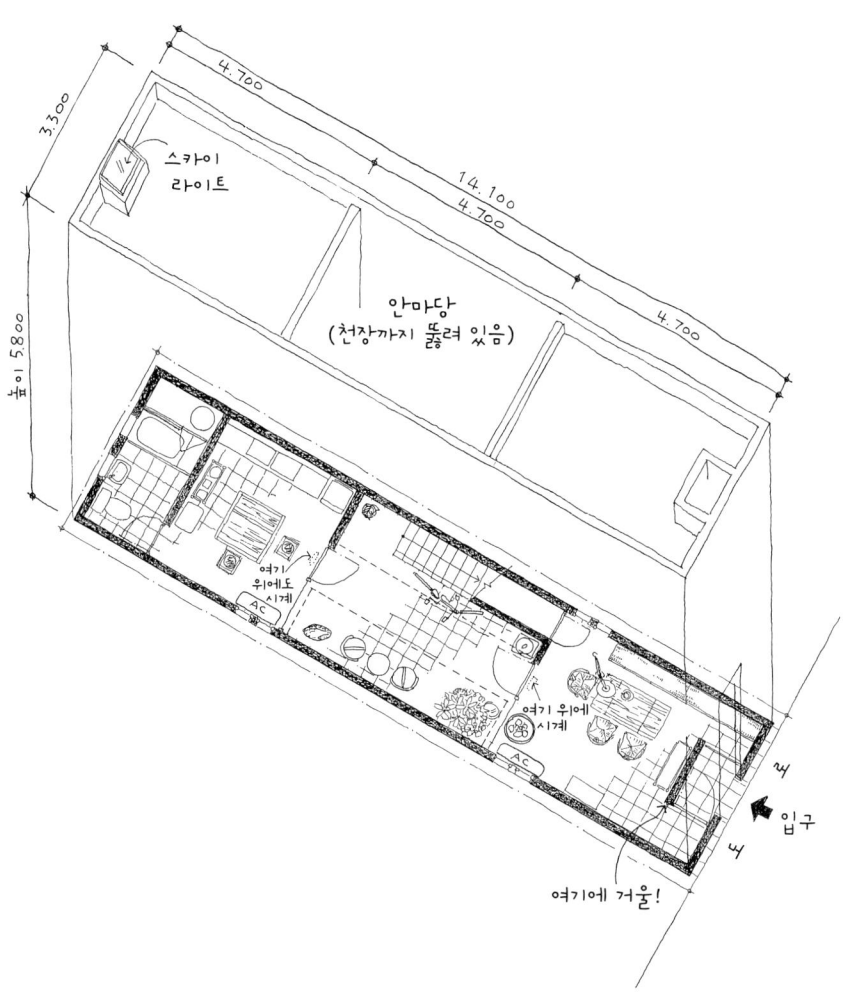

신발을 신은 채로

자, 아까부터 "아즈마 씨 부부의 이야기도 좋지만 중요한 건축 이야기는 도대체 어디로 간 거야?"라는 소리가 귓가에 쩌렁쩌렁 들려오고 있네요. 그래서 이제부터는 실제로 스미요시 연립주택의 내부를 살펴보며 느낀 점과 인상에 남았던 것에 대해 서둘러 살펴보려 합니다.

사실 저는 이 집에 발을 들여놓은 순간부터 아무런 위화감도 없이 극히 자연스럽게 그 안에 존재할 수 있었으며, 여기저기 자연스럽게 돌아다닐 수 있었습니다. 현관문에서 미끄러지듯 거실로 들어가 어느 사이에 안마당으로, 다시 아무런 저항감도 없이 건너편의 주방으로 들어가게 됩니다. 마찬가지로 2층 역시 콩콩거리며 가볍게 올라가 (방에는 들어가지 않았습니다만.) 다리 주변에서 아래쪽의 안마당을 내려다보거나 콘크리트 벽으로 네모나게 잘린 새파란 가을 하늘을 올려다보며 시간을 보냈지요.

제가 조금 전에 이 집에 대해 〈사근사근하고 속 편한 집은 아니다〉라고 쓰긴 했지만, 극히 자연스럽게 몸이 움직여 한 곳에서 다른 곳으로 이동할 수 있다는 의미에서는 지극히 〈사근사근하고 속 편한 집〉이라고 할 수 있습니다. 그리고 이러한 〈이동의 용이함〉이 이 작은 집에 심리적으로 커다란 확장감을 부여하고 있다는 사실을 깨닫게 됩니다. 아즈마 씨는 안마당을 〈빛의 정원〉이라 부르는데, 비가 오는 날만 아니라면 말 그대로 자연광이 쏟아지는 거실로 매일매일 일상적으로 사용하고 있다고 합니다. 그렇게 사용할 수 있는 까닭에 대해, "분위기와 공간에서의 배려가 거침없고, 유기적으로 연속되어 있는 이 집의 절묘한 공간 구성이 뛰어나기 때문이다……."라고 일부러 어렵게 쓸 필요

계단을 올려다본 모습과 계단 입구. 실제로 보니 각 부분의 크기를 충분히 검토해 엄밀하게 결정했다는 것을 알 수 있었어요.

계단은 바닥의 점판암을 제외하고는 전부 노출 콘크리트입니다. 이처럼 단일한 소재로 이루어져 있는 건축에는 특별한 매력이 느껴지더군요.

는 없을 듯합니다. 이유는 극히 간단합니다. 이 집은 현관에서 신발을 벗지 않아도 되기 때문입니다. 신발을 신은 채 그대로 안마당으로 나갈 수 있고, 주방은 물론 2층까지도 신발을 신은 채 갈 수 있습니다. 이러한 사실이 심리적인 장벽을 이 정도까지나 허물어 주고, 집이 이렇게나 넓게 느껴질 수 있게 하는구나 싶어 정말로 감탄하고 말았습니다. 다르게 말하면, 신발을 벗는다는 행위가 상상 이상으로 의식의 흐름을 분절하는 행위라는 말이 되겠지요.

2층에 있는 두 개의 방 입구를 유리문 너머로 바라보다 현관과 마루

계단을 올라가다가 안마당을 내려다보 았습니다. 1층 전부를 신발을 신고 생활할 수 있으니 이 안마당도 충분히 사용할 수 있지요.

2층 침실 입구. 신발을 벗고 생활하는 동양의 생활 습관이 상징적인 형태로 표현되어 있네요.

가 연결된 반원 모양의 부분과 신발을 벗는 공간에 시선을 빼앗기고 말았습니다. 거기에는 동양의 주거 생활에 대한 암묵적인 룰인 신발을 벗는 습관이 상징적인 형태로 제시되어 있더군요.

스미요시 연립주택은 수학적인 분할에 의한 기하학적인 정합성과, 소우주처럼 응축된 거주 공간, 빛과 그림자의 효과를 만들어내는 훌륭한 공간 구성 등에 의해 20세기 주택사를 장식하는 명작이 되었지만, 저는 거기에 〈침실 이외의 모든 공간에서는 신발을 신은 채로 OK〉라는 점도 반드시 넣어 그에 대한 결단을 높게 평가하고 싶네요.

"가구에 인색하지 마세요!"
―

그럼 이제 안마당을 지나 신발을 신은 채로 식당과 주방으로 들어가 보죠. 거기도 꽤나 볼거리가 많은 곳이거든요. 제가 요리하는 것을 좋아하고 주방을 좋아하기 때문이기도 하지만, 주택 설계에 몰두하는 건축가의 진정한 역량과 센스가 드러나는 곳이 바로 이런 공간이지 않을까 싶네요.

두 벽 사이에 있는, 오래 써서 길들여진 주방이 제일 먼저 눈에 들어옵니다. 그 즉시 사진을 찍으려고 하니 준코 씨가 "아이쿠!" 소리를 내며 서둘러 정리하려 했지요. 하지만 저는 "그냥 그대로 괜찮습니다!"라고 제지하며 불문곡직 찰칵찰칵 빠르게 촬영해 버렸습니다. 일부러 치울 필요도 없었어요. 원래부터 제대로 정리되어 있는데다가 두 분의 설명에 따르면 사지로 씨는 개미를, 준코 씨는 바퀴벌레를 너무나 싫어

이 역시 안도 씨가 디자인한 싱크대입니다. 싱크대 뒤쪽 벽이 경사지게 되어 있는 것이 특징입니다.

해서 항상 청소를 열심히 해놓기 때문에 어디나 할 것 없이 두루두루 깨끗한 집이었으니까요.

스미요시 연립주택은 꽤나 적은 비용을 들인 건축물이라는 이야기를 들었습니다. 그럼에도 이 집만을 위한 몇 종류의 가구가 특별히 디자인되어 있었습니다. 개수대에도 대량생산되는 기성품을 사용하지 않았고, 스테인리스 싱크 상판마저도 안도 다다오가 직접 디자인한 특별 주문품이라는 사실이 놀라웠지요. 가구에 인색하면 순식간에 건물이 경박한 날림공사로 보인다는 사실을 안도 씨도 중요하게 인식하고

주방의 특별 주문한 가구들이 이 집의 가치를 높여주고 있습니다. 저비용을 들인 건축물에서 가구에 인색하면 안 된다는 사실을 안도 씨는 잘 알고 계셨죠.

콤팩트하게 완성된 욕실. 실제로는 좁지만 "마치 호텔 욕실 같아."라고 생각한다면 기분은 전혀 달라지죠.

있었음이 분명합니다. 그래서 이 부분에서 조금 더 마음을 다잡자고 생각했다고 보여집니다. 이런 부분의 비용 배분에 있어 절묘한 균형감각도 스미요시 연립주택에서 눈여겨볼 것 중 하나입니다.

 싱크대 디자인에서 왜 그렇게 했는지 이유를 잘 모르겠는 부분이 있었습니다. 바로 벽과 싱크대 사이를 비스듬히 시공한 부분입니다. 보통이라면 직각으로 처리해 작은 선반을 만들어 주방세제 등과 같은 자질구레한 것들을 올려두는 장소로 쓰기 마련인데 스미요시 연립주택에서는 그렇게 되어 있지 않았습니다. 그 자리에 편리한 선반을 만들

상판을 캔틸레버(한쪽만 고정되어 있는 구조)로 돌출시킨 테이블과 라멘 구조의 의자. 안도 다다오의 가구는 어디까지나 〈작은 건축〉입니다.

안도 다다오가 디자인한 균등 라멘 구조의 식탁 의자. 사인도 되어 있어요.

어 두면 이런저런 것들을 올려두게 될 것이니, 어쩌면 안도 씨는 그다지 넓지 않은 주방과 식당이 복잡해지는 것을 원치 않았는지도 모르겠습니다. 그렇게 살림에 찌든 것 같은 분위기를 이 집에서만큼은 "제발 참아주세요!"라고 말하고 있는 셈이지요. 아니면 좀 전에 소개했던, 시계가 걸린 비스듬한 벽의 디자인과 형태적으로 호응할 수 있도록 만든 것인지도 모르겠습니다. 어찌되었건 비스듬한 디자인의 진의는 불명확하니 다음번에 안도 씨와 만날 기회가 있을 때 여쭤봐야겠습니다.

안도 다다오 36

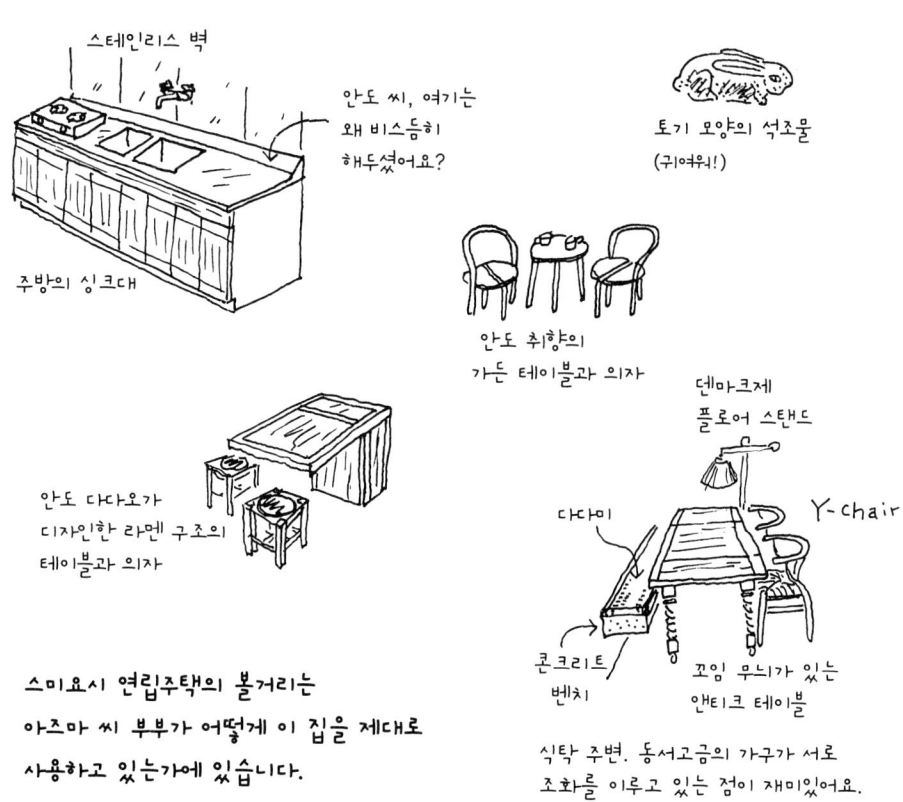

가구의 측면에서 보면 테이블과 식탁 의자도 관심이 가는 존재였습니다. 안도 씨라면 분명 이렇듯 중요한 공간에 백화점에서 파는 기성 테이블 같은 것을 들여놓고 싶지는 않았을 테지요. 이 집 의자의 만듦새가 궁금해 뒤집어보니, 직각으로 교차하는 다리와 가름대가 〈라멘 구조(기둥과 보가 강성으로 접합되어 연속되는 건축 구조)〉에서 볼 수 있는 기둥과 들보의 모형과도 같았습니다. 때문에 몇 년 후 안도 씨가 착수하게 될 〈롯코 집합주택〉의 드로잉을 은연중에 떠올리게 되었지요. 의자의 앉는 부분 뒷면에는 먹으로 새까맣게 〈Ando〉라고 사인이 되어 있었습니다.

자신의 그릇에 맞게
—

여기까지 쓰고 보니 결국 〈스미요시 주택론〉도, 〈안도 다다오론〉도 아닌 글이 되어버렸네요. 제 나름대로는 ""이게 뭐야!"라는 기분과 "역시 이럴 줄 알았어."라는 기분이 서로 섞인 복잡한 심정이네요.

 아마 저는 아즈마 씨 부부의 이야기에 귀를, 그들의 생활모습에 시선을, 건축의 세부에 마음을 지나치게 빼앗겼었나 봅니다. 즉 저는 〈사람〉과 〈생활〉, 그리고 〈건축〉을 제 자신의 그릇 크기만큼밖에 볼 수 없었다는 말이기도 합니다. 하지만 한편으로는 "그것은 또 그것대로 좋지 않은가?" 하는 기분도 들기 시작했습니다. 안도 다다오 씨가 설계한 개성 강한 주택에 살아가면서 거기에 맞추려 안간힘을 쓰거나 위축되지 않고, 오히려 자신들의 그릇에 맞는 생활을 즐기고 있는 아즈마 씨 부부를 만나 그들의 방식대로 살아가는 모습에 공감해 어느새 저도 그 영향을 받았는지 모르겠습니다.

안도 다다오 씨가 보낸 편지에 찍혀 있던 캐리커처 도장. 너무나도 비슷해서 무심코 그만 웃음을 터트리고 말았어요.

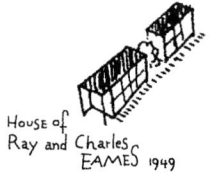

찰스 임스 + 레이 임스 · 임스 부부의 집
미국 / 로스앤젤레스 / 1949년

찰스 임스 Charles Eames, 1907-1978

1907년 미주리 주 세인트루이스 출생으로, 워싱턴 대학에서 건축을 공부했다. 1940년, 건축가 에로 사리넨과 함께 뉴욕현대미술관 주최의 유기적 가구 디자인 공모전에서 입선했다. 이 대회가 계기가 되어 그 후로는 건축가보다 가구 디자이너로 활약하게 된다. 1942년, 캘리포니아로 이주한 후 20세기 중반 디자인의 금자탑이라 할 만한 매력적인 가구를 연달아 만들어낸다. 가구 디자인과 함께 판타지 느낌이 넘쳐나는 단편영화와 다큐멘터리 영화도 다수 제작하면서 이 방면에서도 독자적인 경지를 개척했다. 건축가로서의 일은 많지 않았지만, 자택인 〈케이스 스터디 하우스 No. 8〉은 20세기를 대표하는 주택의 걸작으로 평가받는다.

레이 임스 Ray Eames, 1912-1988

1912년 캘리포니아 출생으로, 뉴욕에서 화가 한스 호프만 밑에서 추상화를 공부했고 1940년에 크랜브룩 아카데미에 입학해 찰스 임스와 만나 결혼했다. 그 후 이 잉꼬부부는 건축, 가구 디자인, 영화 제작, 전람회 전시 등 다방면에 걸쳐 활동했다.

Charles Eames+Ray Eames
House of Ray and Charles Eames

논짱, 구름을 타다

비행기를 타고 가는 무미건조한 시간을 보내는 방법에는 꽤나 개인차가 있는 듯합니다.

엄밀히 말하자면 어느 쪽 좌석에 앉는가에 따라 이동시간을 보내는 방법이 달라진다고도 할 수 있겠지요. 제 경우, 운 좋게 창가 쪽 자리에 앉게 되면 잠자는 시간 이외에는 그저 한결같이 창밖을 바라보며 시간을 보냅니다. 천천히 흘러가는 지상의 입체지도 같은 풍경이든, 끝없이 변화하는 구름의 표정이든, 비행기 창을 통해 보는 풍경은 더할 나위 없이 소중한 여행의 즐거움이 되지요.

언젠가 그렇게 창밖을 아련하게 바라보고 있자니 온통 새하얀 순면을 빈틈없이 깔아둔 것처럼 눈 밑의 구름이 평평하게 펼쳐지기 시작했습니다. 제가 어릴 때, 솜먼지를 들이마시지 않으려고 무명 수건으로 얼굴을 가린 어머니는 방 안 가득 솜을 펼쳐두고 솜 타는 일을 하고는 하셨는데, 세상의 끝까지 장대한 솜을 타려는 듯 시야 가득 펼쳐진 평평한 구름 위를 제가 탄 제트기가 비행하기 시작했던 것이지요. 승무원에게 부탁해 잠시 비상구를 열 수만 있다면 거기에 가볍게 올라설 수도 있을 것 같은 새하얀 〈이불구름〉이었습니다. 그리고 그 구름을 보고 있는 동안, 어릴 때 보았던 「논짱, 구름을 타다」라는 영화의 한 장면이 떠올랐습니다.

그 장면은 와니부치 하루코가 연기하는 논짱이 신선 같은 분위기의 노인과 구름 위에서 만나는 장면으로, 그 중요한 장면의 구름 세트가 학예회 수준으로 엉성했다는 사실이 떠올랐습니다. 정말로 공중에 떠 있는 느낌이 나고 밟으면 가라앉을 듯 부드럽지만 그와 동시에 발이 빠지지 않을 정도의 탄성도 겸비한 것처럼 보이게 하고 싶었을 구름이었겠지만, 영화 속의 구름은 그저 딱딱한 콘크리트 바닥에 얇게 솜을 펼쳐둔 것뿐으로 너무나도 딱딱하게 느껴졌습니다. 물론 제작비 문제로 그랬을 거라고는 생각합니다. 하지만 아무리 그래도 썰렁한 창고 안에서 얄팍한 이불의 솜을 타는 것처럼 성겁기 그지없었습니다. 구름 위를 걷고 있는 사람의 발뒤꿈치가 아파 보이다니, 아무리 어린이용 영화라고는 해도 너무 대충 만들었지 싶었습니다. 어린이를 속이는 데도 정도가 있지요. 그때 저는 초등학교 저학년이었지만 그 성의 없는 세트에 커다란 불만과 의문을 가졌습니다.

만약 제가 미술감독이었다면 어떻게 했을까요? 영화를 좋아하는 건축가의 직업의식과 습관이 발동해 곧장 메모 종이를 꺼내 구름 세트의

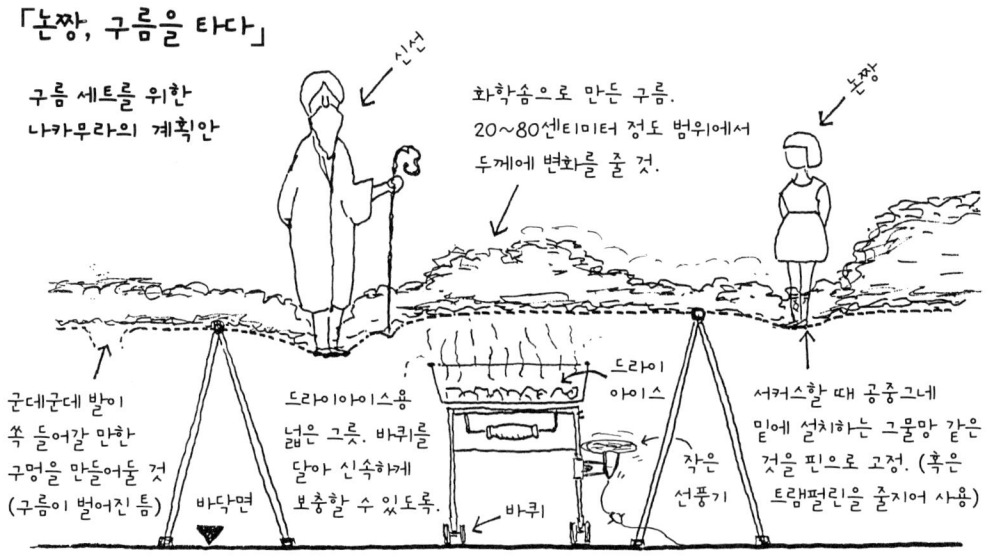

구성 방법을 제 나름대로 생각해 보았습니다. 위에 실린 스케치는 그 당시 제가 생각한 아이디어예요. 이 정도라면 어떨까요?

장난감 기차

저뿐만 아니라 어떤 이유에서인지 건축가들 중에는 영화광이 많은 모양입니다. 그리고 영화를 좋아하는 정도가 심해져 실제로 단편영화를 여러 편 찍은 건축가도 있습니다. 이번 장의 등장인물, 찰스 임스가 바로 그런 사람입니다.

임스는 건축가라기보다 가구 디자이너라고 부르는 편이 더 나을 것입니다. 건축 작품은 많지 않고, 성형 합판과 FRP(유리섬유강화플라스틱) 의자 시리즈, 뉴욕현대미술관의 영구 전시 컬렉션이기도 한 그 유명한 라운지 체어Lounge Chair 등, 모던 디자인의 걸작이라 불리는 가구를 다수 디자인한 사람입니다. 명함에 적혀 있는 직함은 건축가였던 모양이지만 건축 설계로 알려져 있는 작품은 단지 하나뿐입니다. 그러나 그 단 하나의 작품이 세계적으로 두루 알려진 명작 중의 명작으로, 제가 대학시절부터 동경해 왔던 주택 중 하나이기도 합니다.

그 주택 이야기로 들어가기 전에 짤막하게 찰스 임스의 단편영화를 소개해볼까 합니다.

찰스 임스는 생애에 걸쳐 85편의 단편영화를 찍었습니다. 초반에는 흥미 가는 대로 만든 극히 취미 수준의 독립영화였지만, 시간이 흐름에 따라 재미있는 시점과 표현의 다양함, 카메라 워크의 훌륭함이 평판을 얻게 되면서 후에는 기업이나 박물관 등에서 주문을 받아 영화를 제작하게 되었습니다.

그 중 6~7편의 영화가 제가 자주 보는 작품인데(임스의 단편영화 대표작이 비디오 4개로 묶여 있습니다.), 임스의 눈과 임스의 감성, 그리고 임스의 정신이 흘러넘치고 있는 것이 몸으로 느껴져 그 어떤 영화를 보더라도 늘 가슴이 두근거립니다.

그 중에서도 특히 제가 추천하는 영화는 「장난감 기차」, 「해파리」, 「하우스」, 「탑스」로, 다들 5분에서 15분 정도의 짧은 영화입니다.

예를 들어 「장난감 기차」라는 영화는 임스의 방대한 장난감 컬렉션 가운데 하나인 장난감 기차를 주인공으로 한 작품입니다. 장난감 기차가 기차역을 출발해 들을 넘고, 산을 넘고, 철교를 건너고, 선로변을 달리는 자동차와 경주하면서 칙칙폭폭 칙칙폭폭 그저 달리고 달려 다음

마을에 도착하기까지의 여정을 담은 영화입니다. 단지 그것뿐인데도 질리지 않고 보게 되는 것은 아마도 영화를 보는 사람의 눈이 임스의 왕성한 호기심과 그가 아름답다고 감응하는 감성에 어느 순간 동화되어 버리기 때문이 아닐런지요.

장난감 기차라고 해도 되바라지게 고가에다가 축척에 따라 정교하게 만들어진 모델은 아닙니다. 임스는 양철로 된 싸구려나 녹이 슨 철제, 손에 닳아 색이 바란 목제 등 오래되어 낡은 앤티크 장난감만으로 이 영화를 찍었습니다. 너무나도 임스답다고 느껴지는 비범한 그의 감성과 됨됨이를 이런 면을 통해서 느끼게 됩니다. 방치되어 있던 잡동사니 장난감이 임스에 의해 새 생명을 부여받아 힘차게 화면 속을 질주하는 모습엔 무언가 유쾌한 꿈이 가득 차 있는 듯합니다. 이 영화는 임스 부부의 집에 딸려 있는 스튜디오에서 촬영되었습니다. 겨우 1.2미터X2.4미터짜리 책상 위에 꾸민 세트에서 촬영되었다고 하는데, 한때 임스가 영화제작사인 MGM에서 세트 디자이너로 일한 적이 있다고 하니 이런 식의 세트 정도는 그에게 식은 죽 먹기였겠지요.

영화 이야기는 이 정도로 하고, 이제 원래 주제인 〈임스 부부의 집〉 이야기로 넘어가도록 할게요.

케이스 스터디 하우스

임스 부부의 집은 로스앤젤레스의 한적한 주택지 산타모니카에 있습니다. 비치발리볼로 북적대는 베니스 비치에서 겨우 150미터 정도 떨어진 완만한 언덕 중간에 세워진 집이기 때문에, 이곳에서는 캘리포니아의 뜨거운 태양 아래에서 빛나는 새파란 태평양을 두 눈 가득 볼 수 있습니다. 이 집은 1949년에 완성되었습니다. 완성까지의 경위에 대해 간단히 설명해 드릴게요.

당시 미국 서해안 지역 독자들이 잘 보는 인기 있는 잡지 중에 《예술과 건축》이란 잡지가 있었습니다. 존 엔텐자가 편집하고 발행하는 이 잡지는 건축과 예술뿐만 아니라 때로는 공예나 공업 디자인 부분까지 시야를 넓혀 건축과 예술 전반을 폭넓게 다루는 독특한 잡지였습니다. 1945년 이 잡지는 〈케이스 스터디 하우스Case Study House〉라고 하는 획기적인 기획을 시작하게 됩니다. 〈케이스 스터디 하우스〉는 집을 짓고자 하는 사람에게 《예술과 건축》이 중개인처럼 건축주에게 어울리는 건축가를 소개하는 기획으로, 제2차 세계대전 후 젊은 세대에게 캘리포니아의 풍토와 새로운 라이프스타일에 부합하는 주택의 원형을 제시하고자 한 기획이었습니다. 이러한 〈케이스 스터디 하우스〉의 가장 큰 특징과 매력은 명쾌한 공간 구성을 철과 유리라는 현대적 소재를 이용하여 디자인하는 것으로, 지금까지의 주택에서는 생각할 수 없을 정도의 〈투명감과 개방감〉을 갖는다는 것입니다.

각각의 〈케이스 스터디 하우스〉의 건축 과정이 세심하게 기록되었으며, 집이 완성될 무렵이면 《예술과 건축》에 소개되는 것은 물론 일시적으로 일반인들에게도 공개되었습니다.

임스 부부의 집은 〈케이스 스터디 하우스〉의 여덟 번째 집으로, 〈케이스 스터디 하우스〉의 초기 작품 중 하나입니다. 하지만 이 경우 건축주와 건축가가 동일한 데다가 이미 부부가 가지고 있던 땅에 집을 짓는 것이었기 때문에 꽤나 수월하게 척척 일이 진행되었다고 합니다.

생활을 집어넣을 수 있는 간소한 상자

실제로 임스 부부의 집을 방문해 보니 건물은 주변의 자연과 위화감 없이 조화를 이루고 있었습니다. 철골로 검은 테를 두른 외관의 모습과 선명한 색채로 구성된 몬드리안 패턴으로 인해, 저는 막연히 이 집이 조금은 〈실험주택〉의 면모를 지니고 있을지도 모른다고 생각해 왔었지요. 그러나 건물이 바로 뒤의 언덕에 바싹 붙어 그것에 의지하는 듯 지어진 점이나, 건물과 나란히 유칼립투스 나무들이 심어져 있는 덕분으로, 건물은 나무 뒤로 몸을 감춘 듯 극히 겸손한 모습으로 서 있었습니다. 이러한 배치로 인해 정면으로 보이는 완만한 경사지의 초원과 그것에 연결되어 펼쳐지는 자연지형의 풍경을 확보할 수 있었지요.

커다란 유칼립투스 그늘 밑, 건조한 바람을 맞으며 서서 이 집의 배치에 대해 곰곰이 생각해 보았습니다. 그러다가 남쪽면 가득 유리 개구부를 낸 직방체가 벼랑에서 마치 다리처럼 평평한 초원을 향해 길쭉하게 튀어나와 있는 이 집의 초창기 스케치를 떠올리게 되었지요. 당시의 스케치는 〈참신함과 신기함〉이라는 화제성이 자랑거리인 실험주택을 그대로 그려놓은 것 같은, 그야말로 실험주택의 전형적인 모습이었습니다. 만약 그대로 건물을 지었다면 의외로 지금쯤은 시대에 뒤떨어진 진부한 것으로 보였을 거라는 상상도 해보게 됩니다. 하지만 원래는 그러한 실험주택을 지을 작정으로 건축자재를 현장에 싣고 들어왔다고 합니다. 그러나 자재의 치수와 수량을 검토하는 와중에 들보를 하나만 더 추가하면 처음의 계획보다 훨씬 더 넓은 내부 공간을 확보할 수 있다는 사실을 알게 되었고, 그래서 급히 건축방침을 변경해 지금의 배치와 형태로 바뀌었다는 에피소드가 전해져 옵니다.

©2002 Eames Office, LLC(www.eamesoffice.com)

철골과 유리, 패널로 된, 더 이상 간소할 수 없는 이〈상자〉가 20세기를 대표하는 주택이 되었습니다. 흔하디 흔한 기성품 건축자재를 이용해 집의 개념을 근본부터 뒤집어놓을 획기적인 주택이 만들어지리라고 그 누가 예상할 수 있었겠어요.

그러나 저는 이 에피소드의 이면에 대해 이런 상상을 해봅니다. 실제로 이 부지에 서서 집이 완성된 후의 모습을 그려보던 임스 부부가 "이 화려한 건축은 이 부지와는 어울리지 않아."라고 느꼈기 때문은 아닐까라고 말이지요. 혹은 이렇게 생각했을지도 모르겠네요. "우리들에게 건축작품은 필요 없어. 필요한 것은 생활을 완전히 집어넣을 수 있는〈간소한 상자〉야."

임스 부부는 세계 각지의 민속 공예품과 동서고금의 장난감, 잡화 중

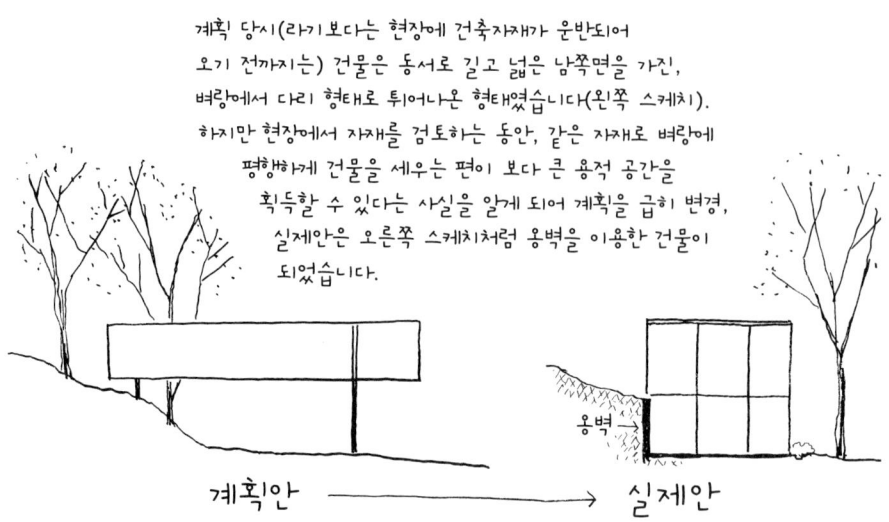

에서 아름답고 훌륭한 것을 알아보는 빼어난 눈을 가진 사람들이었습니다. 또한 마음에 드는 자동차(1955년형 포드 컨버터블이었다고 하네요.)를 18년 동안이나 타고 다녔다고 하는, 유행과는 전혀 무관한 사람들이었다고도 합니다. 센스와 안목을 겸비한 이런 사람들이 조금은 거들먹거리는, 최첨단의 유행하는 건물을 지을 마음이 들지 않았던 것은 당연한 것이겠지요.

자, 이제 저는 서서히 건물로 다가가며 오랜 시간 동안 품어왔던 소박한 의문을 해결하려고 합니다. 먼저 가는 철골조의 기둥에 주목합니다. 기둥의 디테일뿐만 아니라 기둥의 상태를 보려고 한 것이지요. 〈케이스 스터디 하우스〉는 미국 서해안에서 생겨난 주택 스타일로, "바다 가까운 곳에 철골을 드러낸 채 지어진 건물이라면 쉴 새 없이 녹을 처리해야 한다는 중대한 문제점을 품고 있는 것은 아닐까?"라는 것이 저

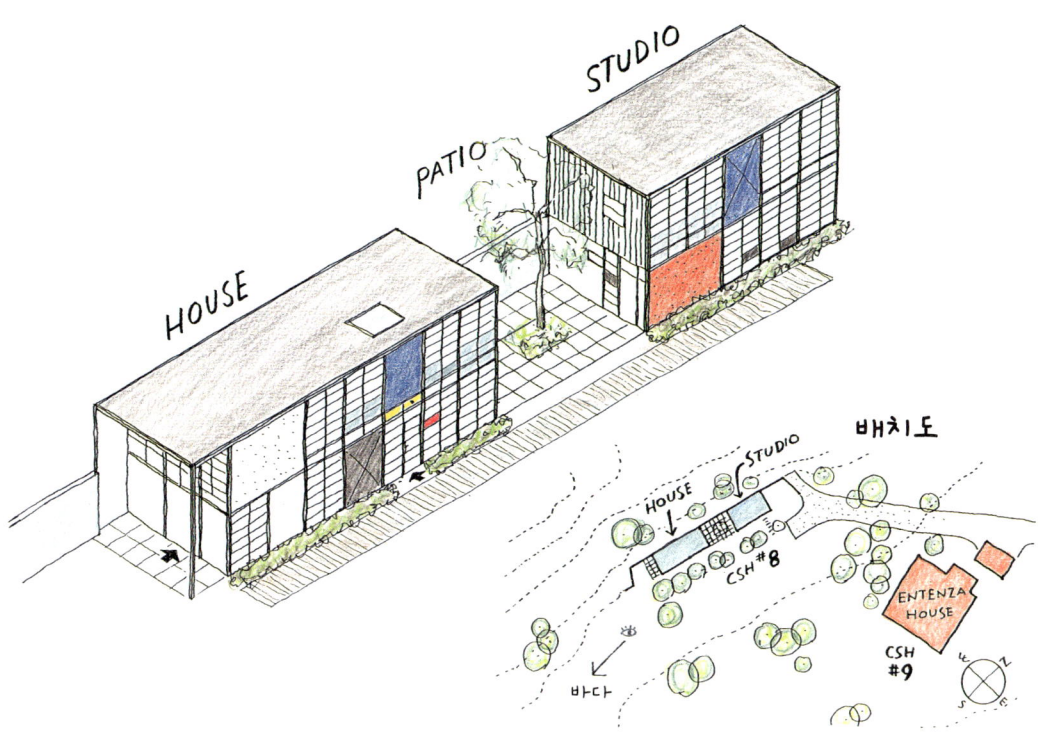

의 의문이었거든요. 그러나 마음에 걸렸던, 기둥에서 녹이 슬어 진행되는 흔적은 찾을 수 없었습니다. 반세기가 흐른 지금에도 여전히 실로 단정한 모습이었지요. 그러다가 돌연 로스앤젤레스의 뜨거운 태양과 건조한 공기에 생각이 미치게 되었습니다. 건축의 소재와 공법은 그 토지의 풍토와 떼려야 뗄 수 없는 밀접한 관계에 있다는 것을 전통적인 민가를 보면 확연히 알 수 있습니다. 〈케이스 스터디 하우스〉는 녹스는 것을 걱정하지 않아도 좋을, 밝고 건조한 기후와 그곳에 사는 사람들의 기질이 만들어낸 스타일이었다는 사실이, 머리가 아닌 피부 감각으로 이해될 수 있었지요.

암갈색의……, 페이드아웃

자, 이제 슬슬 실내를 걸어볼까요, 라고 쓰고 싶은 대목이지만 아쉽게도 견학은 여기까지입니다. 즉 바깥에서 둘러보는 것까지만 견학이 허가된 것이지요. 실내는 임스 부부의 생전 모습 그대로 보존되어 있어 수많은 가구, 민속 공예품, 장난감, 잡화, 도구 등이 비좁을 정도로 가득 장식되어 있기 때문입니다. 만약 내부에 들어갈 수 있다 해도 맘대로 돌아다니기가 꺼려지는, 범접하기 힘든 공기가 실내를 가득 채우고 있는 느낌입니다. 다행히 건물은 유리로 된 쇼케이스처럼 만들어져 있기 때문에 바깥에서도 실내의 모습이 손에 잡힐 듯 보입니다. 실내에 대해서는 글보다도 임스 오피스에서 제공한 사진을 꼼꼼하게 들여다보는 편이 나을 것 같습니다. 찬찬히 바라보다 보면, 임스 부부에게 있어 집이 극히 〈단순한 상자〉여야만 했던 이유가 납득이 가리라 생각됩니다.

실내에서 제가 제일 먼저 주목했던 부분은 강한 태양을 피해 동굴로 들어가듯 만들어진 거실 구석의 알코브(방 한쪽의 움푹 들어간 장소)입니다. 그 중에서도 알코브 안에 설치된 소파가 완만한 〈ㄱ자 모양〉으로 펼쳐져 있는 것이 특히 마음에 들었습니다. 그래요. 임스 부부는 이 안락하고 느긋한 코너에 직각이 아닌 미묘한 각도를 이용함으로써 사각의 딱딱한 인상을 부드럽게 하고 싶었을 겁니다. 이런 것이야말로 편안함에 대한 동물적인 감각이며 건축적 센스인지도 모르지요.

마지막으로 한 가지만 더.

유리에 이마를 대고 실내를 유심히 들여다보던 저는 돌연 가슴이 뭉클해졌습니다. 쇼케이스 같은 실내에 놓여 있는 알록달록한 모든 소품

©2002 Eames Office, LLC(www.eamesoffice.com)

2층이 임스 부부의 침실입니다. 침실의 공간 경계는 마치 맹장지(광선을 막으려고 안과 밖에 두꺼운 종이를 겹바른 장지)와도 같고, 커다란 창의 섀시는 장지의 문살과도 같은 비율로 나뉘어져 있지요. 왼쪽 아래가 제가 가장 마음이 끌린 알코브입니다.

거실 구석에 있는 알코브. 색이 선명했을 이 코너 공간은 마치 드라이플라워처럼 전체가 황갈색으로 변색되기 시작했습니다. 이 집에 페이드아웃이 일어나고 있네요.

©2002 Eames Office, LLC(www.eamesoffice.com)

천장까지 훤히 트인 거실 공간.
"주택에 세밀한 건축적 세공은 필요 없습니다. 단지 잘 만들어진 용기이기만 하다면 그걸로 충분합니다."라는 임스 부부의 주장이 이 공간 속에 잘 드러나 있습니다.

이 암갈색으로 변색되어 가는 중이라는 사실을 발견했기 때문이지요. 마치 생을 다한 야생화가 차츰차츰 말라가며 암갈색의 천연 드라이플라워가 되듯 말입니다.

사정을 봐주지 않는 캘리포니아의 자외선은 이 작은 상자 내부의 모든 색채를 암갈색으로 바꿔버릴 생각인가 봅니다.

임스 부부가 그 모든 사랑스러운 물건들과 만나 눈을 반짝거렸던 순간도, 그것들을 손에 들고 흐뭇한 눈으로 소중히 바라보았던 날들도, 이 모든 것들이 느릿하고 부드럽게 퇴색되어 시간과 함께 흘러가는구나 하는 감정이 가슴 한구석에서 절절히 끓어오르기 시작했습니다.

영화 「내일을 향해 쏴라」의 마지막 장면은 스톱 모션을 건 컬러 필름이 점차 암갈색으로 페이드아웃되며 영화의 마지막을 알립니다. 「내일을 향해 쏴라」의 마지막 장면처럼, 임스 부부의 집에서도 조용한 페이드아웃이 일어나고 있었습니다.

©2002 Eames Office, LLC(www.eamesoffice.com)

별동의 스튜디오. 이곳은 임스 부부의 꿈에 형태를 부여하는 공장이기도 했습니다. 훌륭한 단편영화 여러 편이 이곳에서 촬영되었지요. 「장난감 기차」를 촬영한 세트인 책상도 눈에 띄네요.

(아이방?)
BED ROOM
화장실
욕실
거실
상부
수
납
탈
의
실
BED
ROOM
천장까지
뚫린 공간
부부침실 코너는 다소
작을 정도로 콤팩트한
사이즈예요.
나선형 계단
(상부에 천창이 있어요.)

처마
차양 부분
주거 부분
약
2.28m
약 15.66m
사다리
선반(책과 장난감 수납용)
ㄱ자 형태의
소
파
다용도실
알코브
약 6.2m
입구
거실
주방
식당
화초
살림집 입구
유칼립투스 나무
오르막

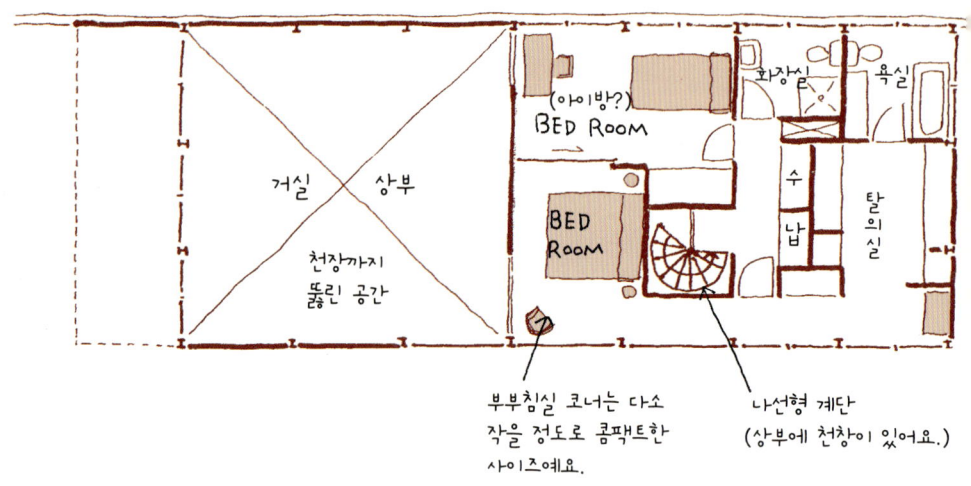

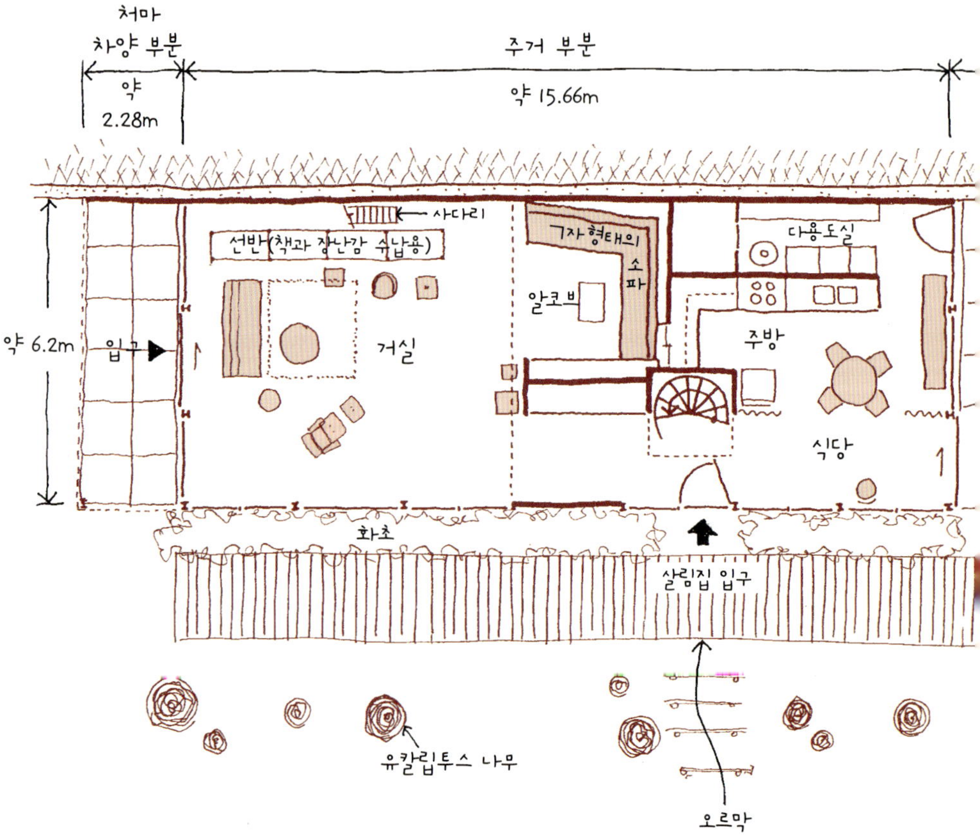

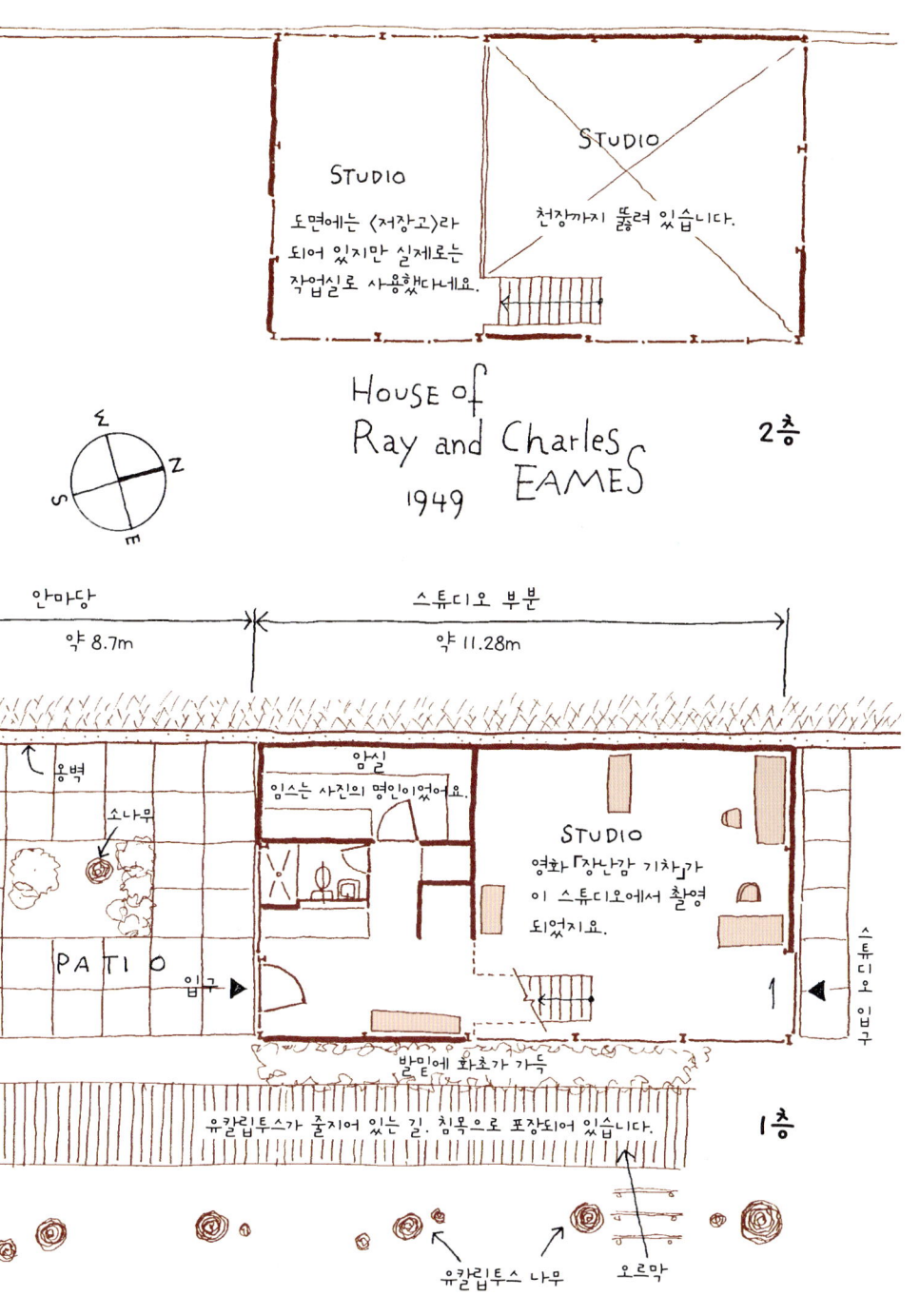

찰스 무어와 동료들 · 시 랜치
미국 / 캘리포니아 주 / 1964년

윌리엄 턴블 주니어 William Turnbull, Jr., 1935-1997
1935년 뉴욕 출생. 1956년 프린스턴 대학 건축학과를 졸업한 후, 프랑스의 에콜 데 보자르에서 공부했다. 1960년부터 1963년까지 샌프란시스코의 SOM 건축사무소에 근무하면서 1961년부터 MLTW에 참여했다.

리처드 R. 휘테커 주니어 Richard R. Whitaker, Jr., 1929-
1929년 캘리포니아 주 오클랜드 출생. 1951년 캘리포니아 주립대학 졸업. 1960년 버클리의 캘리포니아 대학 건축학과 졸업. 1961년 런던 설계사무소에서 근무한 후 귀국하여 MLTW의 일원으로 설계활동을 시작한다.

찰스 W. 무어 Charles W. Moore, 1925-1993
1925년 미시건 주 벤튼하버 출생. 1947년 미시건 대학 건축학과 졸업. 1956년 프린스턴 대학에서 건축학 박사 학위를 획득했다. 1961년 런든, 턴블, 휘테커와 함께 건축사무소 MLTW를 설립, 건축 활동을 시작한다. 〈시 랜치〉는 이 당시의 멤버들에 의해 설계된 건축물이다. 건축가인 동시에 훌륭한 교육자이기도 했던 무어는 버클리의 캘리포니아 대학 건축학장, 예일 대학 건축학부장 등을 역임했다. 그가 만든 건축물의 매력은 모든 작품에서 그만의 독특한 재기와 기지가 느껴진다는 것이다. 건축에 유머와 센스를 담은 몇 안 되는 건축가 중 한 사람이다.

돈린 린든 Donlyn Lyndon, 1936-
1936년 디트로이트 출생. 1957년 프린스턴 대학 건축학과 졸업. 1959~1960년 풀브라이트 장학금을 받으며 인도로 건너가 힌두교사원을 연구했다. 귀국 후 캄보디아, 태국, 일본 등을 여행했다. 1961년 무어를 비롯한 동료들과 함께 MLTW를 결성했다.

Charles W. Moore
The Sea Ranch

아버지

〈시 랜치The sea ranch〉는 샌프란시스코에서 북쪽으로 150킬로미터 떨어진 해안가에 있습니다.

이번 시 랜치 행은 혼자가 아니었습니다. 건축 저널리스트인 스즈키 요시키 씨와, 6년 정도 저희 사무소에서 직원으로 근무한 후 독립한 건축가 사토 시게노리 군이 길동무였지요. 저희들은 샌프란시스코에서 차를 빌려 일단은 북쪽을 목표로 달렸습니다.

익숙하지 않은 왼쪽 핸들, 게다가 빌린 지 얼마 안 되는 렌터카로 오르내림이 심한 시내를 엉거주춤한 자세로 살살 빠져나갔지요. 그렇게 가까스로 적응을 하며 일번타자로 운전을 하던 사토 군의 얼굴에서 경직된 표정이 사라졌을 무렵, 눈앞에 금문교가 육박해 왔습니다. 세 명은 이구동성으로 "오!" 하며 조그맣게 감탄의 소리를 질렀는데 이것이 이번 여행의 서두를 알리는 함성이 되었습니다.

그리고 바로 그때 제 뇌리에서는 흑백으로 변한 어릴 적 기억이 일순 되살아났다가 사라졌습니다.

아버지는 8년 전에 돌아가셨습니다. 메이지 시대에 태어난 아버지는 어디까지가 진심이고 어디까지가 농담인지 모를 의뭉스러운 데가 있는 재미있는 분이셨지요. 결국 그 캐릭터가 화를 불러왔는지 아버지는 평생 일에 있어서는 성공하지 못하셨지만, 기회가 있을 때마다 그 독특한 유머 감각을 저희 형제들에게 유감없이 발휘하셨지요.

제가 태어나 자란 곳은 태평양을 바라보는 지바 현의 작은 어촌 마을이었습니다. 자랑할 만한 것이라고는 아름다운 바다와 끝없이 펼쳐진 백사장뿐인 외진 어촌 마을이었고, 여름의 즐거움은 뭐니뭐니해도 해수욕이었지요.

수영을 잘 하셨던 아버지는 자주 저를 바닷가로 데리고 가셨습니다.

그러던 어느 날 둘이 나란히 해변에 서서 바다 쪽을 바라보고 있었습니다. 아버지는 제 쪽을 흘끔흘끔 보며 이상한 행동을 하기 시작하셨지요. 처음에 아버지는 햇빛을 가리기 위해 손바닥을 차양처럼 이마에 댄 자세를 취하고 계셨어요. 그러다가 수평선 근처에서 무언가를 발견했다는 몸짓을 하시며 눈을 동그랗게 뜨고 최대한 발돋움을 해 수평선 너머를 보려고 하는 동작을 몇 번이나 반복하셨지요.

그리고 자못 놀랍다는 어투로 제게 이런 말씀을 하셨습니다.

"아, 보인다, 보여! 미국이 잘 보이는구나! 아무래도 미국은 벌써 밤인 모양이로구나. 높은 빌딩에 불빛이 가득 켜져 있구나. 까치발로 발돋움해 보렴. 아, 아닌가. 애들한테는 보이지 않으려나. 어? 저건 뭐지? 아무래도 다리인 것 같다. 꽤나 훌륭한 현수교구나. 전기 같은 것도 들어와 있고. 역시 미국은 대단해!"

미국의 야경이 보고 싶어 안달이 난 저는 까치발을 하고 점프도 해 보았지만, 어쩌면 좋겠습니까, 아직 초등학교에도 들어가기 전의 아이였으니 말이죠. 키가 작은 나머지, 수평선 바로 밑에 보여야 할 마천루의 반짝거리는 야경도, 전구 장식이 붙은 훌륭한 현수교도 끝내 볼 수가 없었습니다.

지금 와서 생각해보면, 아무래도 그때 아버지가 봤다는 미국의 빌딩숲은 뉴욕의 마천루였고 다리는 샌프란시스코의 금문교가 아닐까 싶어요.

아무려나, 그 박진감 넘치는 연기 덕분에 아버지의 해변 교육은 제게 지우기 힘들 정도로 비뚤어진 지리관을 심어주게 되었습니다. 그리고 세 살 버릇 여든 간다고, 그때 심어진 비뚤어진 지리관이 쉰 살이 된 지금까지 제게 영향을 주고 있나 봅니다. 지금도 저는 바다를 조금만 건너면 바로 거기에 다른 나라가 있을 거라는 고정관념에서 벗어나지 못하고 있어 외국이 먼 곳이라는 느낌이 전혀 들지 않거든요. 귀찮아하지 않고 언제나 가벼운 마음으로 외국으로 떠날 수 있는 것도 아마 그 때문인지 모르겠습니다.

유년기 교육이 이후의 인생에 끼치는 영향에 대해 혼자 이러쿵저러쿵 생각하다보니 우리들이 탄 렌터카는 아버지가 까치발로 서서 봤다고 하는 금문교를 지나 시 랜치 쪽의 외길로 접어들어 스피드를 내기 시작했습니다. 어느새 사토 군의 핸들 조작도 경쾌한 콧노래와 함께하고 있네요.

춥고 황량한 언덕 위에

그곳에 건축된 집합주택 건물이 너무도 유명해지고 한 시대를 풍미한 덕분으로 시 랜치란 말이 마치 건물의 별명처럼 되어버리고 말았지만, 원래 〈시 랜치〉란 그곳의 지명으로 〈바다의 목장 sea ranch〉이란 말에서 유래된 것입니다. 지금과 같은 곳으로 바뀌기 전인 1960년대 중반까지는 양을 키우던 대규모 방목장이었다고 합니다.

미국 서부해안이라고 하면 언제나 태양이 빛나는 하늘, 맑은 날씨, 티셔츠, 반바지, 선글라스라는 이미지가 떠오르지요. 그러나 캘리포니아 북부인 이 주변의 바다는 수온이 낮고, 태평양을 면한 절벽지대와 그와 연결된 초원지대를 향해 바다로부터 습한 북서풍이 끊임없이 불어오기 때문에 이곳은 일년 내내 기온이 낮은 추운 땅입니다. 즉 사람이 편안하고 안온하게 살 수 있는 땅은 아니란 말이지요. 적극적으로 목장을 만들었다기보다는, 양이나 방목하는 정도밖에는 쓸모가 없는 황폐한 토지였던 것이지요.

시 랜치로 향하는 해안도로를 계속 북상해가며 차창으로 흘러가는 황량한 해안 풍경을 바라보고 있자니, 예전에 여행한 적이 있는 산리쿠 해안의 겨울 풍경과 「스가루 해협의 겨울 풍경」이라는 노래 멜로디와 가사가 머리에 떠올라 저도 몰래 흥얼거렸지요.

이 추운 토지를 개발하겠다고 생각한 인물에게 프로젝트를 성공시킬 자신과 앞날에 대한 예상이 어느 정도 있었는지는 잘 모르겠습니다. 그러나 적어도 〈우리에게는 강한 개척자정신이 깃들어 있다.〉는 확신 같은 것은 있었으리라 생각됩니다. 이 황량한 토지가 〈황야를 개척해 그곳에 사랑하는 가족과 함께하는 따뜻한 집과 가정을 만들어놓겠다.〉고

하는 개척자정신을 자극하는 곳이라는 확신 말이지요.

그리고 그들이 제일 먼저 한 일은 해안선을 따라 길이 65킬로미터, 면적 5만 에이커(약 600만 평)에 달하는 토지를 생태계부터 시작해 철저하게 조사한 것입니다. 조사에 착수한 이는 랜드스케이프 건축가 로렌스 할프린과 그의 사무소 직원들입니다.

할프린은 기상 상태, 바람, 토양, 식생, 동식물의 생태 등을 조사해 엄혹하고 아름다운 자연을 해치지 않고 개발하기 위한 마스터플랜을 작성했습니다. 그 안에는 이곳에 건축물을 세우기 위한 규칙 매뉴얼도 포함되어 있었지요. 그리고 찰스 무어를 리더로 하는 설계사무소 MLTW(무어, 린든, 딘블, 휘테커의 머리글자를 딴 것)는 할프린의 조사 성

찰스 무어와 동료들 64

시 랜치의 연속 사진. 부지에 인공적인 손길을 더하지 않은 채 자연 그대로 보존되어 있습니다. 건물 왼쪽에 예전부터 있어 왔던 낡은 헛간이 보입니다.

과를 넘겨받아 건축 설계를 담당하게 되었습니다.

　이처럼 개발 제1단계부터 랜드스케이프 건축가가 참가해 꼼꼼하고 상세하게 생태계부터 조사한다거나, 마스터플랜에 기초한 엄밀한 디자인 코드가 정해진 것은 이전까지 유례가 없었던 일이었습니다.

　보고서 속 할프린의 스케치에는 해풍에 맞아 넘어진 후 비스듬하게 자라는 사이프러스 방풍림의 모습이나, 바람을 피하고 햇볕의 은혜를 얻기 위해서는 어떻게 해야 하는지에 대한 스케치도 찾아볼 수 있었습니다. 때문에 이 보고서가 건축 설계자에게 많은 것을 시사해주는 귀중한 자료였음을 금방 알아차릴 수 있었지요.

찰스 무어와 그의 동료들로 구성된 설계집단 MLTW는 우선 이 황량한 해변 낭떠러지에 어떤 집을 지어야 하는가에 대해 의논하는 것에서부터 설계 작업을 시작했습니다. 개발업자와 건축가 양측 모두, 아름다우나 수목이 드문 벌거벗은 자연 속에 교외형 주택과 같은 아담한 단독주택 별장을 여기저기에 지어서는 안 된다는 결론에 도달한 모양입니다.

그 부분의 사정을 설명하는 찰스 무어의 다음의 말이 근사합니다. "홍역 발진 같은 것을 띄엄띄엄 흩트려놓아 풍경을 망치고 싶지는 않았습니다." 최근에 조성되는 별장지들이 그 안에 우후죽순 어지럽게 개별 별장을 세우는 것을 떠올려보면 그의 적확하고 유머러스한 표현에 저도 몰래 쓴웃음이 지어집니다.

그들은 먼저 에게해의 미코노스 취락 같은 것을 이미지로 그려보았고, 이어서 스페인의 안달루시아 지방의 취락을 참고해 〈답답한 스케일이 아니면서 동시에 평원의 뚜렷한 실루엣을 보여주는 주거의 집합체〉, 즉 〈콘도미니엄〉이라는 형태를 채용하자는 결론에 다다르게 됩니다. 그렇게 해서 시 랜치의 콘도미니엄은 내부에 두 개의 안뜰을 감싸는 10호의 주택 유닛으로 구성되게 됩니다.

부지의 경사를 살린 배치의 묘는 이 건물이 지닌 최대 매력의 하나입니다. 비스듬한 지붕을 지닌 하나의 주택 단위를 가로 세로 7.2미터의 변형정방체로 했고, 각설탕을 쌓아 올려가면서 방위, 풍향, 조망, 일조 등을 고려한 배치 패턴을 검토했다고 합니다.

개척자정신이라는 말에 견강부회하는 것 같지만, 가운데에 광장을 남기고 유닛들이 집합하는 그 형태에서 서부극에 등장하는 마차부대

안달루시아 지방
MONTEFRIO

안마당을 감싸는
취락의 형태

"스페인 안달루시아
지방의 취락 같은 느낌으로, 그러나
좁고 답답하지 않게, 평원 안에서 비교적
확실한 실루엣을 보여줄 수 있는 정도의 스케일(캘리포니아의
농가 취락도 대부분 이와 비슷한 정도의 규모입니다.)을 지닌
콘도미니엄으로 하자고 설계 과정에서 자연스럽게 결정되었습니다."
- 찰스 무어 인터뷰 중에서

가 원 모양으로 동그랗게 야영하는 모습을 연상하게 되네요. 하나의 주거 유닛이 한 대의 마차 이미지와 완벽히 겹쳐지기 때문이죠.

시 랜치 열병

대학시절, 시 랜치의 콘도미니엄 건축에 빠져 있던 시기가 있었습니다. 저뿐만이 아니라 1960년대 후반인 그 시기에는 전 세계가 시 랜치에 빠져 있었습니다. 차양이 없는 외쪽지붕과 외벽을 널판으로 마감한

다듬지 않고 켜기만 한 레드우드의 거친 판으로 덮인 외벽. 오랜 세월, 사정을 봐주지 않는 비바람에 쓸린 벽면의 감촉에서 깊은 멋을 느낄 수 있습니다. 처마 끝 물받이와 세로 물받이도 금속제가 아닌 레드우드로 만들어져 있어요.

〈시 랜치 스타일〉은 전 세계 건축가와 건축을 공부하는 학생들의 마음을 완전히 사로잡았지요.

 벼랑 끝에서 바다를 응시하며 묵직하게 자리 잡고 있는, 거친 해풍에 저항하며 서 있는 거대한 〈헛간〉과도 같은 이 건물의 모양새에 저는 너무나도 탄복하고 말았습니다. 거기에는 근대건축이 목표로 하는 명쾌한 논리성도 없고, 균일한 밝기도 거부한 채 세련됨을 야유하는 분

벼랑 쪽의 면. 바다에서 불어오는 거친 바람과 강한 비를 생각해 벼랑 쪽의 창은 전부 통창으로 했습니다. 바람에 날아가 버리므로 차양은 처음부터 아예 만들지 않았구요.

유닛 하나하나의 기본 단위는 가로 세로 7.2미터×7.2미터입니다. 이 정사각형의 평면을 외쪽지붕이 덮고 있어요. 집이라기보다 〈나무상자〉 같은 인상입니다.

바다 쪽에서 찰스 무어의 별장 유닛 〈No. 9〉을 바라봅니다. 왼쪽에 튀어나온 곳이 툇마루 같은 느낌의 베이 윈도(돌출창)이지요.

바다의 전망과 제일 먼 〈No. 10〉 유닛. 다른 유닛과는 달리 유달리 높은 망루가 설치되어 있지요.

판벽과 유리의 구조적인 결합 부분의 디테일. 동종업계 종사자인 제가 "이 정도로 정말 괜찮은 걸까?"라고 걱정이 될 정도로 간단하게 정리되어 있습니다.

위기마저 감돌았습니다. 그리고 굵직한 목재로 쌓아올려 노출시킨 조립 구조나 컬러풀한 자이언트 퍼니처(침실, 주방, 수납을 겸비한 유닛 속의 구조물)의 재치 넘치는 대비도 저의 가슴을 두근거리게 했지요.

그 중에서도 저를 가장 매료시켰던 것은 모노크롬 사진 한 장이었습니다. 멀리 바다를 바라보는 유리로 된 선룸(sunroom, 일광욕 등을 하기 위하여 벽을 유리로 만든 방)에서 돌출된 창가에 앉은 두 명의 젊은 여성 중 한 명은 책상다리를 하고, 또 한 명은 배를 깔고 바닥에 누워 여유롭게 바다를 바라보고 있는 사진이었지요. 어느 계절에 찍은 사진인지는 모르겠지만 밖에서는 싸늘한 냉기와 해풍이 느껴지는 사진이었습니다. 그러나 선룸에는 구석 깊숙이 햇빛이 들어와 있었고, 마치 〈서양풍 툇마루〉라는 형용사를 붙이고 싶을 정도로 기분 좋게 머무를 수 있

유닛 〈NO. 2〉의 선룸에서 바다를 바라보는 소녀들.
SD No. 21 1996년 9월호의 사진을 참조로 그림

는 느낌이 분출되고 있었지요. (이곳은 시 랜치에서 제가 정말로 가장 많이 아끼고 좋아하는 장소입니다.)

    저는 그 선룸의 사진이 실린 페이지를 카메라로 다시 찍어 CH라 불리는 얇은 인화지에 다다미 한 장 정도의 크기로 확대해서(이렇게 하는 데 꽤나 거금이 들었습니다.) 당시 제가 살고 있던 하숙방 벽에 붙여놓고

매일 바라보며 지냈습니다. (선룸에 대한, 또한 그곳에 설치된 돌출창에 대해서는 끝 부분에서 보다 구체적으로 다루었습니다.)

이런 저의 〈시 랜치 열광〉은 대학시절로 끝나지 않고 30대 초반의 나이까지 계속되었지요.

하지만 대학을 졸업하고 두 곳의 설계사무소에서 실무경험을 쌓은 후 독립해서 제 자신의 사무실을 차리고 보니 항상 유행의 최첨단만을 좇는 현대 건축계에서 시 랜치를 화제로 삼는 사람은 없어지고 말았지요. 제 안에서도 시 랜치가 서서히 사라져 가고 있는 듯 느껴졌습니다.

그런데 바로 그때, 기막히게 멋진 시 랜치의 세부 도면집이 출판되었습니다. 또다시 저는 엉겁결에 그 책을 사고 말았지요. 시 랜치에 열광하던 시절이 아직 다 지나간 건 아니었나 봅니다. 그리고 그 도면집에서 촉발된 저는 부지를 포함한 콘도미니엄의 전체 모형과, 대학 시절에 50분의 1 축척으로 한 번 만들어본 적 있는 〈No. 9〉 유닛의 모형을 만들었습니다. 〈No. 9〉 유닛 모형을 만들 때에는 20분의 1 축척으로 외벽의 틀, 구조의 골격, 내부의 자이언츠 퍼니처까지 만들어 3단계의 완벽한 모형으로 만들었지요. 여기서 보여드리는 것은 그 모형 사진의 일부입니다.

이런 연유로 시 랜치는 제게 개인적으로

유닛 〈No. 9〉의 구조 모형. 기둥 여섯 개로 받친 한 변 7.2미터의 정사각형이 유닛의 기본 단위이지요.

유닛 〈No. 9〉의 내부 모형. 기둥과 들보의 구조체를 외피인 판벽이 덮고 있는 모습이 잘 드러나 있습니다.

절벽의 초원에 세워진 시 랜치. 가장 앞쪽의 유닛이 찰스 무어의 별장이었습니다.

상당히 많은 것들을 생각하게 해주었고 그러면서 저와 관련된 것들도 많았던 건물입니다. 주택순례를 시작할 당시, 이 건물만은 꼭 다루어 보자고 다짐하기도 했었지요. 자신이 정말 보고자 염원하는 건축물은 언젠가 꼭 볼 수 있을 거라는 예감 같은 것이 저에게는 있는데(아무리 노력해도 볼 수 없을 때에는 "아직 정말로 보고 싶은 게 아닌지도 모른다."고 생각할 수도 있는, 아주 편리한 예감이죠.), 이번에 그 예감이 완전히 들어맞았습니다.

더 놀랍게도, 제가 모형으로 만든 유닛의 하나이자 찰스 무어 자신의 별장이기도 한 〈No. 9〉 유닛에서 숙박할 기회가 생겼습니다. 그것도 이틀이나 말이죠! 이 책 속에 등장하는 시 랜치 내부 사진은 모두 〈No. 9〉 유닛의 사진이기도 합니다.

찰스 무어는 "위대한 건축물을 제대로 체험하는 가장 좋은 방법은 그 건물 안에서 잠을 깨보는 것입니다."라는 말을 남기기도 했습니다. 그렇게 말한 당사자의 건물 속에서 아침에 잠에서 깨어날 수 있는 기회가 찾아온 것이니 이런 행운은 정말이지 흔한 것이 아니지요.

상자 안에 상자, 그리고 또 상자

그렇게 실제로 시 랜치를 방문해보니 의외였던 점이 있었습니다. 건설 당시의 사진으로는 상상도 하지 못할 정도로 초록이 우거진 토지로 되어 있다는 점이었지요.

접근로를 따라 심어진 비숍소나무가 큰 나무로 성장해 깊은 녹음을 만들어내고 있는 모습을 보고 여우에게라도 홀린 기분이었습니다. 나무 한 그루 없이 비바람을 그대로 맞고 있는, 벼랑에 세워진 콘도미니엄의 사진에 익숙해 있었기 때문이지요. 그러나 잘 생각해보니 당연하다면 또 당연할 것 같습니다. 건설된 때로부터 이미 이래저래 35년의 세월이 지났으니까요. 큰 나무로 자란 수목들은 이제 지나간 세월을 재는 커다란 척도가 되어 저의 고개를 끄덕거리게 만드네요.

그러나 접근로의 가로수 길을 빠져나가자 차가운 바다와 대치한 목재의 바위덩이 같은 느낌의 시 랜치가 변함없이 그리운 표정으로 저희를 기다리고 있었습니다. 자외선과 비바람에 시달려 외벽은 더욱더 바위의

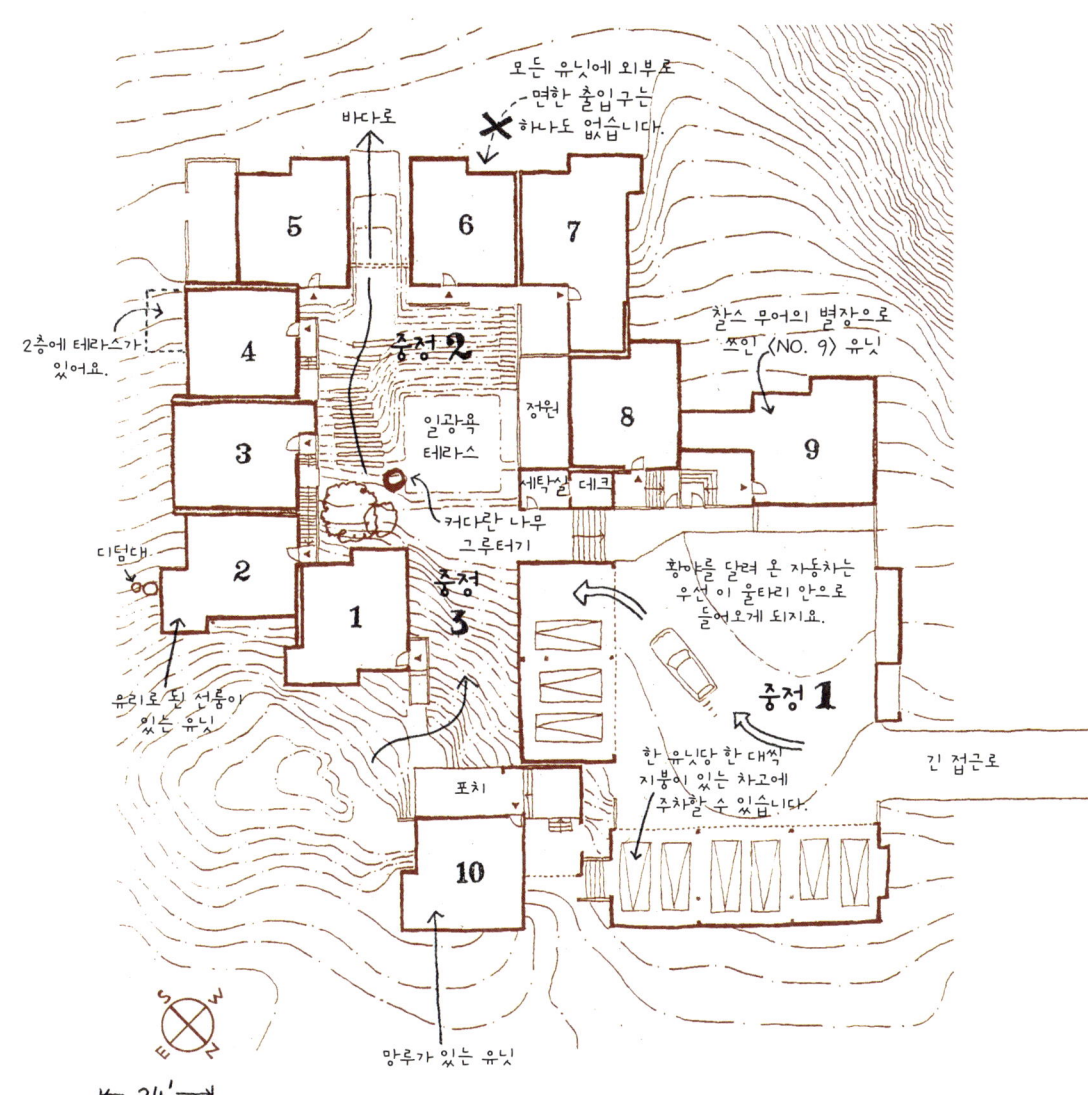

유닛의 기본 단위는 7.2미터x7.2미터의 정사각형입니다. 이 기본 단위에 유닛에 따라 서로 다른 〈특별한 장소〉가 추가되어 있기 때문에 10개의 유닛에 같은 공간 구성은 단 하나도 없습니다. 부지 안의 위치, 방위에 따라 각 유닛에 생겨나는 불평등함은 이 〈특별한 장소〉에 의해 충분히 상쇄됩니다. 부지의 제일 끝 부분이자 바다에서 제일 먼 유닛 〈NO. 10〉에 유달리 높은 망루가 설치되어 있는 것 등이 그 좋은 예입니다. 시 랜치의 평면도를 볼 때 가장 큰 즐거움은 바로 이 〈특별한 장소〉를 찾아보는 것이지요. (유닛을 구입하는 사람이라면 어떤 유닛으로 할지 무척이나 고민되겠지만요.)

표면과 비슷해졌고, 고독한 분위기는 한층 더 강해진 듯 보입니다.

자동차를 타고 천천히 주차장으로 들어갈 수 있도록 배치된 공간 구조는 황량한 자연에서 일단은 사람과 자동차가 인공의 울타리 속에 보호되는 느낌의 구조입니다. (이런 분위기 또한 서부의 마차부대를 연상시킵니다.)

이와 같은 울타리가 이레코 상자(상자의 크기가 일정한 비율로 서로 달라 차곡차곡 넣으면 제일 큰 상자에 모두 들어가는 상자)처럼 방문객을 내부로, 다시 또 내부로 차츰차츰 끌어들인다는 것. 이것이 시 랜치의 최대 콘셉트이며 MLTW가 그 당시 열중하던 건축적 장치였습니다.

예를 들어 다음과 같은 순서로 사람들은 유닛 〈No. 9〉의 내부로 들어갑니다.

황야를 줄곧 달려온 자동차는 중정 공간으로 안내를 받게 되고 그곳에 차를 세우게 됩니다. 다소 메마르고 스산해 보이는 이 중정 공간이 〈제1의 내부〉가 되는 셈이지요. 이어서 나무문을 열어 〈제2의 내부〉인 현관 앞 포치로 들어간 후, 드디어 건물 안으로 들어갑니다. 건물의 내부에도 다시금 〈내부〉가 계속됩니다. 제일 먼저는 4개의 기둥으로 받쳐진 망루 아래의 〈내부〉, 그리고 망루 위에 있는 2층의 침실 코너에 있는 모기장 느낌의 텐트 〈내부〉. 여기는 텐트 속이기도 해서 한층 더 마차 내부를 연상시킵니다. 〈No. 9〉의 내부 모습은 뒤에서 자세히 다룰 예정이니 뒷부분 내용을 다 보신 후 다시 한 번 이 글을 읽어보세요. 그럼 훨씬 더 잘 이해가 될 겁니다.

이런 식으로 차츰차츰 건물의 안으로 들어가다 보면 모든 장소가 늘 보아오던 곳처럼 예상되는 장소이면서도, 한편으로는 또 모든 장소가 무적이나 신기한 장소처럼 느껴지기도 합니다. 저는 둘러보는 동안, 기

중정은 건물과 높은 벽에 둘러싸여 있어 차가운 바람으로부터 보호되며 일광욕을 위한 양지가 되기도 하지요. 부지의 경사면을 그대로 살려 만든 중정은 공간적으로도 변화가 있는 무척 매력적인 곳입니다. 낭떠러지와 황야 속에 편안하게 머무를 수 있는 〈내부〉를 만들어내는 것이 이 건물의 주요한 테마였지요.

중정을 접하고 있는 외벽. 공장에서 쓰는 저렴한 조명기구나 기성제품인 호스걸이 등, 이 건물에는 보통 일상적으로 사용하는 촌스러운 부품들이 잘 어울리는 것 같습니다. 그렇지 않나요?

문 너머로 잔디가 뒤덮인 중정을 바라봅니다. 이전에 이곳에 있던 큰 나무의 밑둥치가 정원 중앙에 남아 있어 중정의 심벌 역할을 해주고 있네요.

중정에서 아래를 내려다봅니다. 부드러운 침목 계단이 벼랑에서 전망을 바라보라고 초대하는 것 같네요. 중앙부에는 일광욕을 위한 데크가 설치되어 있습니다.

시감과 현실이 겹치기도 하고 빗나가기도 하면서 가벼운 현기증 같은 증세를 느끼게 되었지요. 아무래도 예비지식이 너무 많아 시점이 제대로 정립되지 않았나 봅니다.

이곳에 앉아서 바라보는 바다의 풍경은 흠 잡을 데 하나 없이 훌륭합니다. 흰 포말이 부서지는 해면의 미묘한 색조에 잠시 마음을 빼앗기고 맙니다. 창 밑의 암벽 쪽으로 눈길을 옮기니, 작은 섬처럼 튀어나온 바위 하나에 바다표범새끼가 기어 올라가서는 기분 좋게 해바라기를 하고 있네요.

거친 나무들의 축제

드디어 호흡도 안정되었습니다. 실내로 눈길을 돌리니, 동경하던 시 랜치 안에 앉아 있다는 실감이 그제야 처음으로 사무치게 끓어올랐습니다.

내부는 상상했던 것보다 훨씬 더 〈헛간〉 속을 연상시키는 공간이었습니다. 거친 나무판으로 커다랗게 둘러싸여 있다는 느낌, 즉 거대한 폐쇄감이 들었습니다. 이러한 느낌을 효과적으로 연출하고 있는 것은 높은 천장에 설치된 천창으로 들어와 판벽을 따라 스치며 떨어지는 자연광이었습니다. 천창에서 떨어지는 빛이 이렇게나 극적인 효과를 가져온다는 사실은 전혀 예상하지 못했습니다.

잘 보면, 껍질을 벗기기만 한 기둥과 들보의 거친 면 역시 상상했던 것보다 몇 단계는 더 거칠었습니다. 이 거친 느낌이야말로 〈개척자의 오두막〉을 연상시키더군요. 미국 TV 드라마 「초원의 집」에 등장하는

2층 침실 코너에서 주방과 식당 쪽을 내려다봅니다. 거칠게 마감한 판벽을 쓸어내리며 천장에서 빛이 쏟아지고 있네요. 안도감을 자아내는 헛간 속과 같은 분위기가 넘쳐 흐릅니다.

계단실 부분의 천창을 올려다 봅니다. 거칠게 깎아 만든 기둥은 가로 세로가 약 25센티미터입니다. 외벽은 두께 5센티미터와 2.5센티미터의 목재로 이중으로 박았습니다.

기둥과 들보의 목조가 그대로 실내에 드러나 있습니다. 구조는 전통적인 헛간 건축 공법으로, 최소한의 재료로 최대한의 용적을 획득할 수 있는 합리적인 공법이지요. 기둥과 들보에 장부나 장붓구멍 같은 귀찮은 이음가공은 일절 사용하지 않았고, 목재 간의 결합은 전부 투박하고 튼튼한 금속 부품에 맡겼습니다.

오두막도 분명 이와 같은 느낌의 목재로 만들어졌을 것 같은 느낌이 들지 않나요?

또한 인형이나 동물 장난감을 모으는 찰스 무어의 취미를 반영하는 이 집은 마치 거대한 〈장난감 상자〉와도 같았습니다. 사진으로 상상한 그대로였지요. 집 안 여기저기 동물과 공룡 장난감이 장식되어 있어 실내에는 활기찬 축제의 분위기가 감돌고 있었습니다.

들보 위에 장식되어 있는 스페인 안달루시아 취락의 모형 장난감. 이 장난감이 시 랜치 배치의 힌트가 되었을 거라는 것이 저의 가설인데 독자 여러분은 어떻게 생각하시는지요? 제 생각과 같으신가요?

들보 하나에는 점토로 만들어진 마을 모형이 장식되어 있기도 했습니다. 아무래도 스페인에서 만든 것인 듯했지요. 설계 당시, 누구부터랄 것도 없이 모두의 입에서 "안달루시아의 취락처럼 만들어보자!"는 이야기가 나왔다는 에피소드를 떠올려보며 저는 그 모형 장난감을 사진에 담았습니다.

그 집에서 잠을, 깨보다

"위대한 건축물을 제대로 체험하기 위한 가장 좋은 방법은 그 건물 안에서 잠을 깨보는 것입니다."라는 찰스 무어의 말을 앞서 소개했지만, 사실 그 밑에는 이어지는 이야기가 더 있습니다.

 "……당신의 경이로운 건축 순례 여행이 진정한 결실을 맺기 위해서는, 예를 들어 하나하나의 건축물에서 낮잠을 자보거나 아주 잠깐이라도 그 위대한 장소에 몸을 맡겨 그것을 자신의 것으로 만드는 훈련을 해보아야 합니다."

찰스 무어의 이 말은, 〈체험〉으로 건축을 배우고 싶어 하는 저에게는 음미하면 음미할수록 많은 것이 함축된 말입니다.

집에 대한 책을 집필한 덕분으로, 저는 근대건축사의 명작이라 불리는 주택들을 방문해볼 수 있었습니다. 합계로 따지면 총 20채 정도이지만 그 집 안에서 잠을 깨본 것을 따지면 얼마 되지 않습니다. 아침부터 저녁까지 하루를 몽땅 빌려 지낼 수 있었던 〈루이스 바라간의 집〉에서 고요하던 오후 무렵 그곳의 서재 소파에서 그만 꾸벅꾸벅 잠들고 말았던 때와, 르 코르뷔지에가 노모를 위해 설계한 레만 호숫가의 〈어머니의 집〉 안락의자에 누워 낮잠을 잤던 때. 그렇게 두 번뿐이었지요. 두 번 모두, 시간으로 따지면 겨우 5분 정도의 짧은 낮잠에 불과했습니다. 그러나 그 짧았던 낮잠은 〈루이스 바라간의 집〉과 〈어머니의 집〉에서 잠을 〈깼던〉 경험으로 제 마음속 깊이 새겨져 있습니다.

잠과 각성 사이의 틈은 어른이 되고 만 인간이 유아기의 순진무구한 마음과 감각을 되돌릴 수 있는 행복한 순간일지도 모릅니다. 찰스 무어의 말을 저는 이렇게 해석하고 있습니다. 이 비할 데 없이 소중한 순간, 희미한 의식 상태에서 어렴풋이 망막에 들어오는 실내의 모습과 자신을 감싸고 있는 공간의 느낌을 〈이해하려 하지 말고 있는 그대로 느껴보라.〉는 것이 찰스 무어가 말하고자 했던 것이라고 말이지요.

그의 말은 위대한 건축물을 제대로 느끼기 위한 방법이었지만, 제게는 그것이 위대한 〈주택〉을 제대로 느끼는 데 있어 보다 훌륭한 방법이라는 생각이 듭니다. 〈잠과 깨어남〉이라는 기본적인 행위는 집에서 일어나는 생활의 여러 행위 중에서도 가장 중요한 것 중 하나이며, 그만큼 그 장소에서 잠을 깨어본다는 것은 그 집을 실제적인 느낌으로 간접체험해 보는 것이기 때문이니까요.

요리사가 솜씨를 발휘해 만든 요리를 먹을 때와 마찬가지로, 공을 들여 설계하고 정성을 들여 지은 집은 주의 깊게 씹고 여유롭게 음미하며 살펴보는 것이 제대로 된 방법이라고 생각합니다.

그리고 지금까지 저는 그렇게 주택을 보아왔었다고 생각합니다. 그러나 좌우의 눈을 동시에 사용해야 비로소 대상의 정확한 거리가 잡히는 것처럼, 〈설계자의 시점〉과 〈거주자의 시점〉이라는 두 가지 서로 다른 시점에서 균등하게 주시하지 않으면 그 주택의 당연한 가치를 잴 수 없다는 확신이 점차 제 안에서 자라나기 시작했습니다. 두 가지 시점을 〈건축적 시점〉과 〈생활적 시점〉이라 바꾸어 말해도 괜찮겠지요.

사실 저에게도 크게 마음이 짚이는 데가 있습니다. 건축가들이란 동시에 그 두 가지 시점에서 주택을 진득하게 바라보며 설계하는 것을 잊기 쉬운 사람들로, 건축가 측의 한쪽 눈만 부릅뜨고 생활자 측의 다른 눈은 감던가, 아니면 실눈을 뜨고 그저 지나가게 내버려두는 경향이 있는 듯합니다.

주택의 진정한 모습이란 그렇게 해서는 볼 수 없는 것입니다. 본래 그런 것들은 눈으로 보는 것이 아니라, 그 안에서 생활해보고 나서야 비로소 처음으로 그 가치를 알 수 있는 것입니다. 반복하게 되지만, 그 집 안에서 잠을 깨보는 것이 지니는 진정한 의미는 그것이 비록 한순간일지라도 그곳에서 행해지는 생활을 일상적인 감각으로 체험할 수 있기 때문이라고, 저는 생각합니다.

건축적이며, 동시에 생활적인

제가 그 두 가지 시점에 집착하는 것은 명작이라 불리는 주택에서 살아본 경험 때문입니다. 사실 〈살아본 경험〉이라고 쓰기보다 〈여러 번 숙박해본 경험〉이라고 써야 할지도 모르겠네요.

아주 예전의 이야기지만, 독립해서 제 사무실을 열기 전 저는 요시무라 준조 설계사무실에서 가구 디자인 일을 하고 있었습니다. 그 덕분에 20대부터 40대 초반까지, 걸작으로 잘 알려진 나가노현 가루이자와의 〈요시무라 산장〉에 가끔 묵을 수 있었고 거기서 산장생활을 경험할 수 있었습니다. 그리고 이 〈요시무라 산장〉이 대단히 건축적이며, 또한 충분히 생활적이라는 것을 그곳에서 살며 몸으로 배울 수 있었지요. 이 산장은 〈건축적인 것〉과 〈생활적인 것〉이라는 두 가지 개념이 전혀 대립하지 않고 부드럽게 융합되어 있었습니다. 그 사실을 저는 머리가 아닌 신체적인 감각으로 배웠습니다.

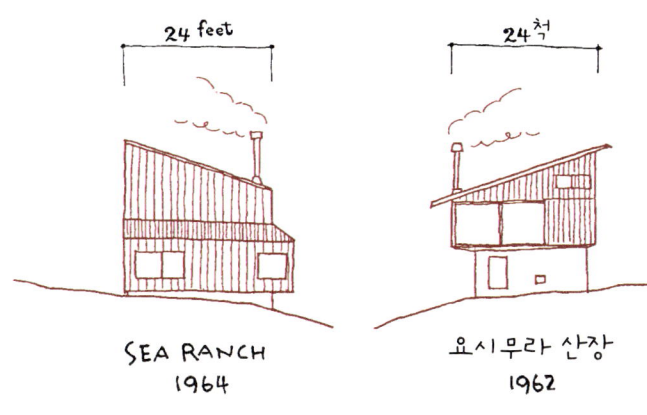

시 랜치와 요시무라 산장

이 두 건물은 정말 많이 닮았습니다. 예를 들어 경사지에 세워진 별장이라는 것, 한쪽으로 기울어진 지붕, 나무 널판을 박은 외벽, 지붕 경사를 이용해 내부에 3층을 확보한 것, 평면은 정사각형이고 그 수치가 완전히 똑같다는 것 등. 그리고 무엇보다 기존의 개념이나 상식적인 가치관에 얽매이지 않은, 자유롭고 부드러운 그 건축정신이 말이지요.

〈요시무라 산장〉의 기본 사이즈는 2척(60.6센티미터) 단위로 되어 있으며, 이것이 평면 전체에 이르러 정교한 단면 계획과 어우러지며 정합성을 낳고 있고 동시에 구석구석까지 명쾌하고 훌륭한 공간 구성을 만들어내고 있습니다.

어느 날 산장에서 요시무라 선생에게 "왜 하필 2척입니까?"라는 질문을 하자 머뭇거림 없이 바로 이런 대답을 해주셨습니다. "2척은 말이야, 휴먼 스케일이거든."

여기까지가 주로 〈건축적인 것〉에 대한 이야기입니다.

2척 사이즈로 계획된 산장에서 생활하던 어느 날, 몸이 방의 배치를 기억한다고나 할까요, 방의 배치가 몸에 스며들어오는 느낌이 들기 시작했습니다. 그 경험 후 처음으로 이 산장이 특별한 편안함을 가진, 과하지도 부족하지도 않은 치수와 기능을 겸비한 집이라는 사실을 몸 속 깊은 곳에서부터 납득할 수 있게 되었지요.

즉, 2척 사이즈나 절묘한 단면 계획에 대한 것들은 이미 잊어버린 채, 〈생활적인 면〉에서 그 집을 평가하고 있는 제 자신을 발견하게 된 것입니다.

헛간이 있는 풍경

다시 시 랜치입니다.

이른 아침. 보통 때도 아침 일찍 일어나는 저이지만 여행지에서는 더 일찍 일어나게 됩니다. 자고 있는 두 명의 친구가 깨지 않도록 재빨리

나갈 준비를 하고 카메라와 스케치북을 챙겼지요. 주차장이 아닌 경사지 쪽의 중정을 가로질러 축축하게 젖어 있는 초원으로 나가 보았습니다. 아직 아침안개가 자욱하게 껴 있었지요. 크게 자란 풀을 조용히 흔드는 바닷바람과 발밑의 바위에 밀려왔다 밀려가는 파도소리, 게다가 하늘을 나는 바닷새의 울음소리가 일출 전의 정적을 한층 더 깊이 있게 만들어 주었습니다.

〈시 랜치〉라는 이름의 유래는 〈바다의 목장〉이라는 의미에서 나왔습니다. 지금도 목장의 울타리가 많이 남아 있습니다.

바다를 바라보고 있는 건물의 오른쪽 방향으로 튀어나와 있는 작은 반도 끝까지 걷기 시작했습니다. 건물과 건물을 둘러싼 풍경 전체를 보기 위해서였지요. 그렇게 걷기 시작하는데 150미터 정도 떨어진 초원에 한 채의 낡고 커다란 헛간 지붕의 합각머리 실루엣이 웅크리고 앉아 있는 모습이 보이기 시작했습니다. 언제 어디선가 본 적 있는 그리운 풍경이었지요. 그 풍경을 떠올려 보려고 기억을 더듬다보니 앤드류 와이어스가 그린 「먼 천둥소리」가 불현듯 머릿속에 떠올랐습니다. 얼굴에 모자를 올려 햇볕을 가린 채 초원에 길게 누워 낮잠을 자는 젊은 여인을 그린 그림이지요. 그러나 와이어스의 그림에 헛간이 그려져 있었던 것은 아닙니다. 향수를 자극하는 회화적 감성이 시 랜치의 헛간 풍경에 깃들어 있었고 이것이 와이어스의 그림 세계, 좀 더 정확하게 말하자면 와이어스의 마음속 풍경에 일직선으로 연결되어 있다는 생각이 들었던 것이지요.

초원에 웅크리고 앉아 있는 맞배지붕의 거대한 헛간. 와이어스의 그림을 연상시키는 이 헛간 모습이 시 랜치 디자인에 커다란 영향을 미쳤습니다.

멀리 바라보이는 시 랜치 콘도미니엄. 서쪽의 튀어나온 바위 끝에서 바라보았습니다. 바다에 잠긴 벼랑과 비슷한 형태를 취하고 있는 콘도미니엄이지요. 멀리서 보니 바윗덩어리처럼 보이기도 하네요.

　최초로 이 부지를 찾은 찰스 무어와 그의 동료들이 낡은 헛간이 있는 풍경을 보고 와이어스의 그림을 떠올렸는지 어쨌는지는 잘 모르겠습니다. 그러나 아마도 저 이상으로 마음이 움직였음은 틀림없을 듯합니다. 원래부터 무어와 젊은 동료들은 정갈하게 손질된 잔디밭 위나 깔끔한 풍경 속에 소상처럼 놓인 모더니스트 취향의 건축보다, 이렇게 거친 토양에서 잡초와 함께 솟아난 것 같은 목조 창고나 탄광 건축에 열광하던 건축가들이었기 때문입니다.

 우연히 그 장소에 세워져 있던 헛간의 풍경은 그들이 설계하고자 하던 콘도미니엄 디자인의 향방을 확실히 가리키고 있었던 것이지요. 해풍을 맞으며 선 네 명의 건축가가 버려진 커다란 헛간을 사랑스럽다는 듯 바라보는 모습이나 진지하게 고개를 끄덕이며 의견을 나누는 모습이 눈앞에 떠오를 것 같지 않으십니까?

 천천히 뒤를 돌아보며 초원의 헛간과, 그것을 몇 배 확대시켜 만든 듯 형제와도 같은 시 랜치를 반복해서 비교해 보았습니다. 그렇게 해보고 나서야 비로소 그들의 건축이 〈토착적〉이라 평가받았던 것이나 그들을 〈풀뿌리파〉라 불렀던 것이 단순히 저널리스틱한 말이 아닌, 확실하고 실제적인 느낌으로 제 마음에 착지하는 것을 느낄 수 있었지요.

"그걸로도 좋고말고!"

MLTW는 자신들이 창고나 탄광 건축에 매료되어 그것에 몰두하고 있다는 것을 표명한 것만으로 그친 것은 아닙니다. 그들은 그전까지 모더니스트라 불리는 건축가들이 생각지도 못했을(생각했다고 하더라도 어른스럽지 못한 것이라 여겨 실제로 할 수 없었을) 편안한 거주성을 위한 장치나 〈유쾌한 건축적 아이디어〉를 결코 억누르지 않았고 집 안 내부에 당당히 그것을 포함시켰습니다.

 현대건축을 짊어진 건축가들은 콘크리트와 철, 유리를 이용해 구석구석까지 균일하게 정리된 기능적이며 합리적인 〈보석상자〉와도 같은

커다란 창 옆의 식당. 헛간과도 같은 실내는 전체적으로 약간 어둡지만 이 창 주변은 놀라울 정도로 개방적인 느낌입니다.

작품을 만들어내기 시작했습니다. 그러나 그들은 인간적인 면에서도, 건축적인 면에서도 너무나 진지하고 금욕적이기 때문에 솔직함과 소탈함이 결여되어 있다는 느낌이 듭니다. 마무리가 잘된 슈트를 차려 입고 고상한 건축론을 당당히 논하고 그것을 실천하는, 선택받은 사람들이라는 인상이 가시지가 않습니다.

그러나 MLTW에게는, 아니 특히 이 그룹의 리더인 찰스 무어에게

자이언트 퍼니처에 포함되어 있는 주방. 벽은 페인트를 이용해 바둑판무늬로 칠해져 있어요.

주방. 이곳에도 돼지 모양의 나무판이나 젖소 무늬 주전자 등, 무어 취향의 유쾌한 소품들이 여럿 있습니다.

는 현대건축의 전도사, 혹은 순교자와 같은 고지식하고 융통성 없는 신사의 모습은 전혀 없습니다. 사진으로 보는 무어는 턱수염이 덥수룩한 거한으로, 언제나 싱글벙글 웃는 얼굴입니다. 진지한 얼굴을 하고 있을 때에도 장난기 넘치는 눈매는 웃고 있는 친근한 아저씨 같은 인상을 주었지요. 코듀로이인지 뭔지, 거칠고 성긴 느낌의 재킷을 아무렇게나 걸쳐 입은 그 〈아저씨〉가 "창고, 좋잖아. 구석구석 빈틈없이 계산이 맞지 않는 건축이면 또 어때. 즐겁기만 하다면 그걸로 좋다구."라고 말하며 설계한 것이 바로 이 시 랜치였다고 저는 생각합니다. 여러분은 어떠세요?

물론 "그걸로 좋고말고!"라는 것이 저의 솔직한 기분입니다.

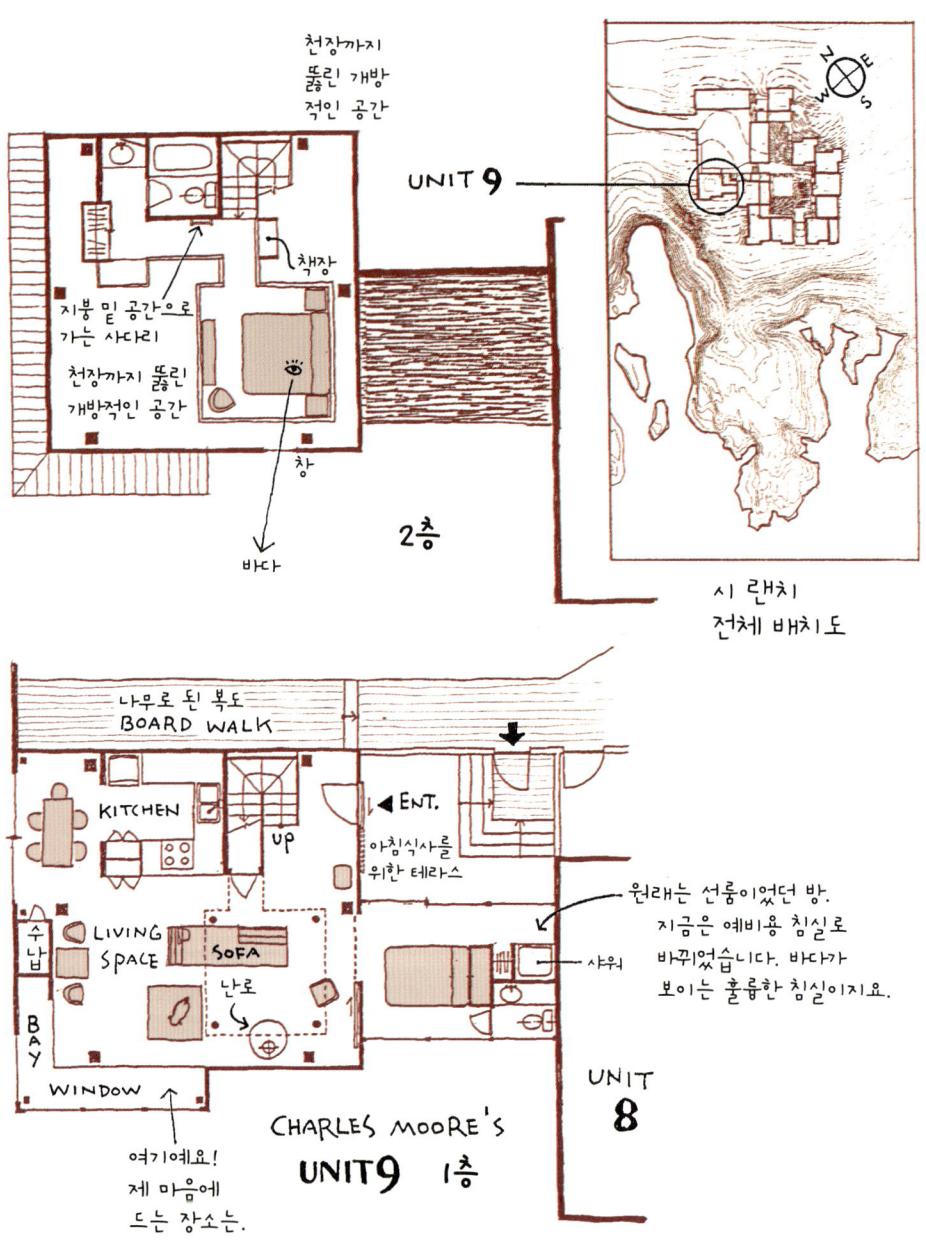

찰스 무어와 동료들 92

몽상을 키우는 집

그러면 이제 시 랜치 건축에 포함된 그 유쾌한 아이디어 몇 가지를 살펴볼까요. 〈No. 9〉 유닛의 내부를 보겠습니다.

시 랜치 콘도미니엄 유닛의 기본 사이즈는 모두 똑같습니다. 그러나 똑같은 사이즈로 맞춰진 모든 유닛에 그 유닛만의 고유한 〈특별한 장소〉를 준비해 두었다는 것이 시 랜치의 가장 큰 특징입니다. 무어의 유닛인 〈No. 9〉은 콘도미니엄에서 제일 서쪽 끝에 위치해 있고, 이 유닛의 특별한 장소는 건물 앞 외부의 작은 정원입니다. 무어가 〈아침식사용 테라스〉라 부른 그 정원에서는 이 유닛의 또 다른 특별한 장소인 선룸 너머로 바다를 바라볼 수도 있지요.

테라스를 지나 입구에 들어서 몇 걸음 앞으로 나가면 네 개의 굵고 둥근 나무기둥에 둘러싸인, 뭐라 설명하기 어려운 공간이 나옵니다. 정면으로 난로가 있고 소파 같은 것들이 놓여 있기 때문에 용도는 거실이겠지만, 흔히 보는 보통 거실은 아닙니다. 그 공간을 집 안에서 특별한 의미를 지닌 장소, 즉 다른 곳보다 공간의 〈격〉이 높은 장소로 만들기 위해 사방으로 기둥이 세워져 있는 것이지요. 일의 순서에서 본다면 이러한 의도를 담은 특별한 공간을 먼저 만들고, 그곳에 〈거실〉이라는 용도를 부여했다고 말하는 것이 적절할지도 모르겠네요. MLTW는 이곳을 〈작은 신전〉이라 불렀습니다. 그리고 그 아이디어는 건축이나 회화 속에서 온갖 신들과 영웅을 기리는 울타리 혹은 공간장치로써 예전부터 사용되어져 온 수법이며, 집 속에 또 하나의 미니어처 집을 설치함으로써 상징적으로 집의 중심을 만든 것이라 설명하고 있습니다.

사방으로 기둥을 세워 그곳에 상징적인 공간을 만들어내는 것은 만

네 개의 굵은 나무기둥(전봇대용 목재라고 하네요.)으로 망루처럼 들려 올려진 수면 코너. 밑에서 보면 다리가 긴 거대한 침대처럼 보이기도 합니다. MLTW는 이 공간을 〈작은 신전〉이라 불렀지요.

지붕 밑 공간으로 오르는 사다리 중간에서 네 기둥으로 받쳐진 수면 코너와 그 위의 개방적인 공간을 내려다봅니다. 지붕에 커다란 천창이 있기 때문에, 낮 동안 텐트는 거대한 빛의 통이 됩니다. 이 아이디어의 출처가 서부극의 마차 같지 않나요? 또 이 수면 코너가 다락방 같지는 않은지요?

국 공통의 수법인 모양입니다. 잡지에서 처음으로 그 사진을 보았을 때, 지신제 때 푸른 대나무와 금줄로 울타리를 친 모습이 그 자리에서 바로 연상되었으니 말입니다.

그러나 MLTW의 〈작은 신전〉이 지신제의 금줄 울타리와 다른 점은 그것이 보다 구조적이며 건축적이라는 것입니다. 그 네 개의 기둥은 성루가 되어 상부의 수면 공간(침실이라 부르기는 힘든 장소입니다.)을 받치고 있습니다. 더욱이 그 수면 공간은 상부에서 고정되어 드리워진 텐

모든 유닛에 그 유닛만의 기분 좋은 장소를 확보하는 것. 이것이 시 랜치 콘도미니엄을 설계하는 데 있어 암묵적 약속이었지요. 베이 윈도는 기분 좋게 머무를 수 있는 느낌을 만들어 내는 빼어난 공간장치입니다.

트로 완전히 감싸지게 됩니다.

이 텐트에서 저는 서부극에 등장하는 마차의 〈포장〉을 연상했지만, MLTW의 설명에 따르면 이는 고대로부터 제왕의 권위를 표현하는 심벌이었던 〈캐노피〉를 변주한 것으로, 이 역시 집 안의 특별한 장소를 가리키는 역할을 한다고 볼 수 있지요.

*

마지막으로 한 가지, 시 랜치를 논할 때 절대로 잊어서는 안 되는 장

침실에서 〈작은 신전〉 너머 베이 윈도 쪽을 바라봅니다.

원래 선룸이었던 장소를 개조해 예비용 침실로 바꾸었습니다. 안쪽에 화장실과 작은 샤워부스도 있어요.

소가 하나 있습니다. 그것은 건물 내부에 특별하고 편안한 느낌을 가져옴과 동시에 외관에도 커다란 특징을 부여하고 있는 〈베이 윈도bay window〉입니다. 베이 윈도는 보통 〈밖으로 튀어나오게 만든 창〉이라 번역되지만, 알기 쉽게 말하자면 〈돌출창〉과 〈툇마루〉를 더해 둘로 나눈 것 같은 매력적인 공간을 말합니다. 그곳에 앉아서 일광욕을 즐길 수도 있고 건물 밖으로 몸을 내민 기분으로 바다를 바라볼 수도 있습니다. 물론 작은 인원이 모여 친밀한 수다를 즐긴다거나 가끔은 잠을 잘 수도 있는 공간이지요. 방도 아니고 코너도 아닌, 이런 작은 공간은 이

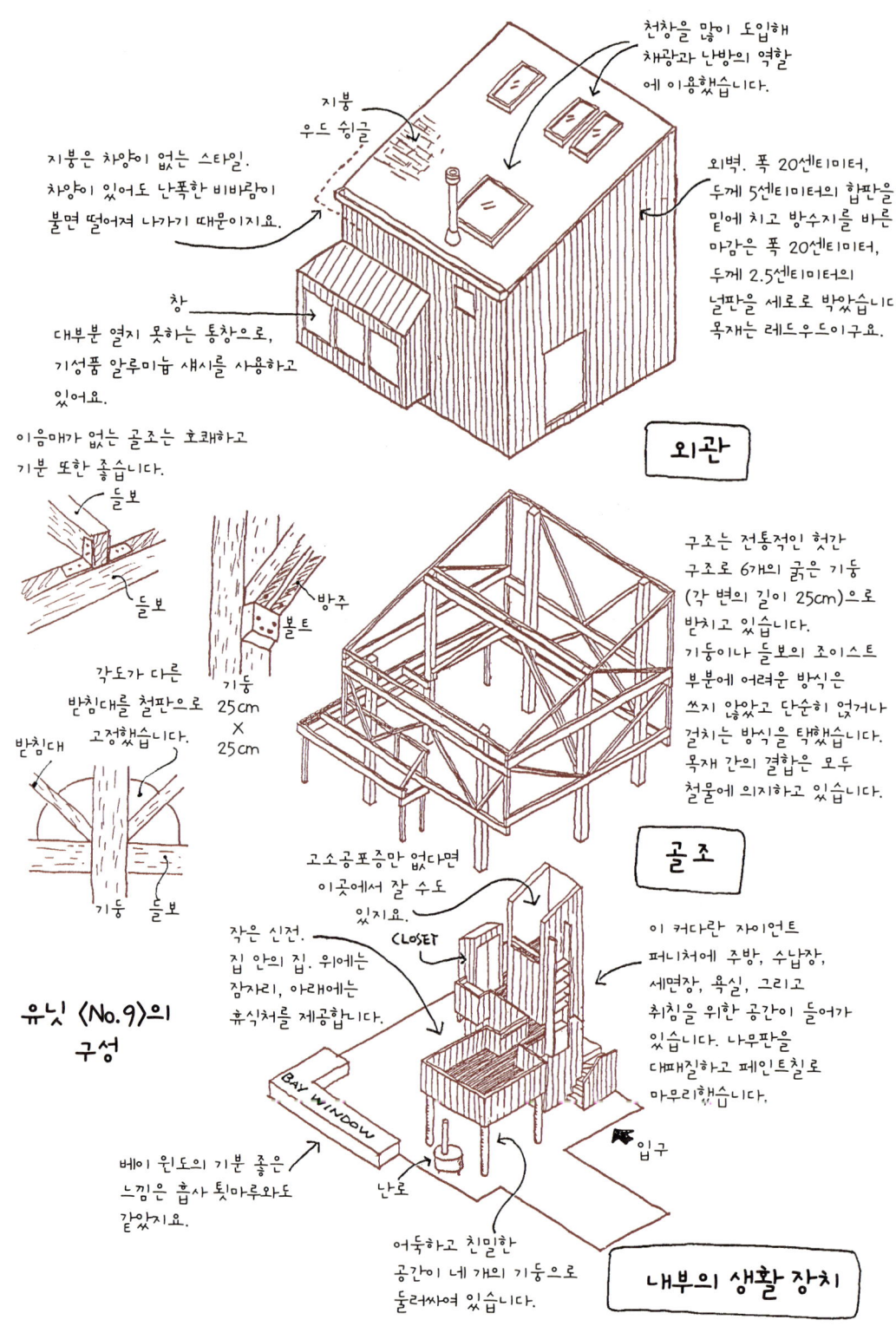

루 말할 수 없이 기분 좋게 머무를 수 있는 공간입니다. 실제로 베이 윈도에서 시간을 보내다보니 이러한 장소를 적극적으로 설계에 집어넣은 건축가가 이전까지 거의 없었다는 것이 이상하게 느껴질 정도였습니다.

시 랜치에서는 모든 유닛에 형태와 분위기가 조금씩 다른 베이 윈도가 설치되어 있어 집 내부에서 이루어지는 생활의 활기를 외부로 전하는 장치의 역할을 하고 있습니다. 또한 건물 전체의 외관에 조각적인 매력을 부여하는 역할도 하고 있구요.

가스통 바슐라르는 "다락방은 몽상을 은닉한다."고 했습니다. 사람 마음을 흔드는 소중한 장소와 기분 좋게 머무를 수 있는 곳을 넉넉하게 준비해둔 시 랜치의 유닛들. 저는 이런 시 랜치를 〈몽상을 키우는 집〉이라 부르고 싶네요.

월광욕

이곳에 머무르는 이틀 동안, 베이 윈도에 만들어진 벤치가 어느 순간 제 자리가 되었습니다. 벽에 기대어 책상다리로 앉아 있으면 마치 몸과 마음에 뿌리가 돋아난 것처럼 차분해지지요. 움직이고 싶지 않아집니다. 그 편안한 느낌을 놓을 수 없었던 저는 결국 첫째 날 밤, 침대가 아닌 그 벤치에서 개척자처럼 모포 두 장으로 몸을 감싸고 자기로 했습니다.

한밤중, 건조한 안개에 둘러싸인 듯한 냉기를 느껴 문득 눈을 떠보

베이 윈도라 불리는 이 돌출창의 기분 좋은 느낌은 마치 툇마루와도 같아요. 여기서 저는 하루 종일 조용히 바다를 바라보고 있었지요.

달빛이 비춰진 환상적인 실내. 중앙의 테이블 위에 놓여 있던 양 모양 장식품이 창 너머로 바다를 바라보고 있군요.

니 주변은 서리가 내린 밤처럼 훤했고, 저는 온몸에 푸르스름한 달빛을 받으며 누워 있었지요. 눈 밑에는 수면에 달빛이 가득 떨어져 한 면 가득 은종이를 펼쳐놓은 것 같은 정적의 바다가 펼쳐져 있었구요.

천천히 일어나 앉아 놀라울 정도로 밝은 달빛에 비춰진 몽환적인 실내 모습을 둘러보았지요. 낮 시간, 헛간 내부처럼 느껴졌던 실내는 헛간이라기보다는 오히려 땅에 구멍을 파서 만든 선사시대의 주거지와 같은 깊은 안도감을 띠고 있는 듯 느껴졌습니다.

들보 위와 선반에 장식된 공룡 장난감들, 벽에 길린 사진 중 회전목마를 타고 즐거워하는 무어의 얼굴을 달빛 사이로 보니 썩 기분이 좋

판벽에 걸려 있던 찰스 무어의 사진. 유원지의 회전목마 중 커다란 개구리 위에 올라타고는 완전히 만족한 모습이네요.

아 보였습니다.

이 집에는 온갖 귀신과 요정들이 머물 제대로 된 거처가 있으며, 그들은 인간들과 함께 이 집에서 사이좋게 살고 있는 듯합니다. 그렇다면 그것을 믿고 있는 저는 이 집에서 유년의 마음과 감각을 되돌릴 수 있었던 것일까요?

바다를 바라보는 통창에 얼굴을 붙이고 하늘을 바라보니, 보름날 밤의 멋진 만월이 커다란 원호를 그리며 서쪽 하늘을 향해 천천히 이동하는 중이었습니다. 순간적으로 건물의 방위를 떠올려보니 "이대로 깨어 있다면 이 자리에서 바다로 떨어지는 달이 보이겠구나!" 싶어 가슴이 뛰기 시작했지요. 그러나 모처럼의 매력적인 생각도 커다랗게 몰려오는 편안한 졸음의 물결에 삼켜졌고, 차츰차츰 꿈속으로 녹아들어, 다시금 저는 깊은 잠의 바다로 빠져들기 시작했습니다. (이 글을 마치기 전에 71쪽에 있는 스케치 그림을 한 번 더 봐주세요. 그 두 여성의 마음이 지금의 제 마음과도 같음을 여러분도 느끼실 수 있겠죠!)

찰스 무어의 트레이드마크는 덥수룩한 턱수염입니다. 온갖 종류의 장난감을 좋아하는 무어를 위해 그의 캐리커처를 얏코다코(에도시대 사무라이 집안의 하인이 양팔을 벌린 모습을 본떠 만든 연) 식으로 그려보았습니다. (무어 아저씨, 죄송해요!)

La Maison de Verre

피에르 샤로 · 메종 드 베르

프랑스 / 파리 / 1931년

피에르 샤로 Pierre Chareau, 1883-1950

1883년 프랑스 보르도에서 해운업자의 아들로 태어났다. 가구 디자이너의 교육을 받은 그는 1909년부터 1914년까지 워린 앤 지로 사에서 근무했다. 제1차 세계대전에 징병된 와중에 친구이자 금속세공인인 루이 달베와 함께 최초의 가구를 제작한다. 1920년에서 1925년 사이에는 인테리어 디자이너로서 가구 디자인과 함께 실내장식 분야에 열정을 쏟는다. 1925년 아르데코 전람회에서 네덜란드 건축가 B. 베이포트와 만난 이후, 그와 함께 〈메종 드 베르〉의 시공까지 함께 일을 하게 된다. 제2차 세계대전 발발을 계기로 뉴욕으로 건너간 후 1950년에 타계하기까지 미국을 떠나지 않았다. 미국으로 건너간 후의 그에 대한 기록은 거의 남아 있지 않고, 〈메종 드 베르〉 이후 어떤 일을 했는지도 불명확하다. 신비주의에 싸인 그가 세상에 남긴 유일한 주택인 〈메종 드 베르〉는 TV에서 다큐멘터리로 제작, 방영될 정도로 명작 중의 명작으로 손꼽힌다. 사진으로 봐서는 몸집이 작고 땅딸막한 사람이었던 것 같다.

Pierre Chareau
La Maison de Verre

높은 문턱

〈달사스의 집〉은 파리 중심부 생 제르맹 데 프레에서 멀리 떨어지지 않은 주택가에 있습니다. 작은 정원을 바라보는 외벽 전체가 유리블록으로 되어 있기 때문에 보통 〈메종 드 베르〉, 즉 유리의 집이라 불립니다.

20세기 초반의 명작 중의 명작이라고 평판이 자자한 주택이지만 안타깝게도 일반인에게는 거의 공개되지 않고 있으며, 전공자들이 견학을 하기 위해서도 번거로운 절차와 끈기가 필요합니다. 저 역시 견학을 허가받기까지 이런저런 우여곡절이 있었지요. 하지만 실제로 메종 드 베르에 들어가 보고 나서야 비로소 견학을 간단히 허가할 수 없는 이유를 확실히 이해할 수 있었습니다.

그곳에는 거룩하기 그지없는 내부 공간이 있었습니다. 그곳은 자연광이 유리블록을 통해 여과되며 은회색으로 변한, 빛의 입자가 충만한 공간이지요. 이 정밀한 〈빛의 궁전〉에 수많은 관람객들의 목청 높은 잡담소리와 조심성 없는 몸짓을 불러들이고 싶지 않은 것은 극히 당연하겠다는 생각이 들었습니다. 또한 정성을 쏟아 만든 섬세한 공예품과도 같은 가구와 살림살이를 무신경한 관람객들이 만지작거리게 나둬서는 안 되겠다는 것이 이곳에 한 번이라도 들어와 본 사람이라면 누구나 공통적으로 가질 감정일 겁니다.

그런 까닭에 메종 드 베르는 관람객들에게 꽤나 문턱이 높은 주택입니다. 이 주택에 특별한 관심과 경의를 품고 있는 사람들(그 대다수가 건축가나 연구자들이겠지요.)에 한해서만 견학을 허가한다는 것이 메종 드 베르 보존협회의 기본 방침인 모양입니다. 제가 이미 견학을 했기 때문에 이런 말을 하는 건 아니지만, 저 또한 가능한 한 지금 이대로 가만히 두고 싶다는 마음이 드네요.

오래된 건물을 개축한

메종 드 베르를 이해하기 위해 염두에 두어야 할 것은 이 집이 신축건물이 아니라는 사실입니다. 오래된 건물의 1, 2층을 크게 보수한 다음 거기에 세 개의 층으로 나뉜 바닥을 새로 만들었지요. 설계자인 피에르 샤로와 건축주인 달사스 부인 역시 처음에는 기존 건물을 부수고 모조리 새로 짓겠다는 생각이었습니다. 하지만 당시 3층에 세 들어 살

메종 드 베르 실내 모형 사진. 현재 이 집은 메종 드 베르 보존협회가 엄중하게 관리하고 있어 견학은 간신히 허락해 주지만 사진촬영은 금지되어 있습니다. 때문에 실내의 분위기를 독자 여러분께 전해 드리고자 축척 20분의 1 크기로 모형을 만들어 보았습니다.
모형 제작: 첸 아린, 촬영: 나카기타 노부미

출처: PIERRE CHAREAU by Velly, Marc ET AL. Editions du Regard

메종 드 베르 개축 현장. 3층에 사람을 그대로 살게 한 채 1, 2층을 모두 들어낸 채 하는, 곡예 같은 공사였지요.

고 있던 완고한 노부인이 퇴거를 단호히 거부했기 때문에 어쩔 수 없이 그 노부인을 그대로 살게 둔 채 대규모의 개축공사가 시작될 수밖에 없었다고 하네요.

공사 중인 사진을 보니 지진이 자주 일어나는 나라의 건축가인 저로서는 등줄기가 오싹할 정도로 무섭네요. 철골로 아슬아슬하게 받쳐진 채 하부를 완전히 들어낸 건물은 위아래의 무게 중심이 맞지 않아 지금이라도 당장 무너질 듯 위험한 모습입니다.

이 어려운 구조 공사를 담당한 사람은 피에르 샤로의 협력자인 네덜

란드 건축가 B. 베이포트입니다. 베이포트는 원래 실내 디자인을 전문으로 하는 인테리어 데코레이터로, 철골 구조에 정통한 인물입니다. 건축가가 아니었던 피에르 샤로를 공학적인 면과 구조적인 측면에서 도와준 인물이지요.

병원 위에 놓인 집

이제, 각 층에 대한 설명을 간단히 하고 넘어갈게요. (뒷페이지에 나오는 평면도를 참고해 주세요.)

3층의 공간 중 1층에는 산부인과 의사인 달사스 박사의 진찰실을 비롯해 분만실, 간병인실, 진찰 대기실, 접수처 등이 있고, 한 모서리를 감싸듯 만들어진 주택 전용의 계단과 홀이 확보되어 있습니다. 서북쪽 바깥으로 돌출된 부분은 간호사 휴게실 겸 숙직실입니다. 접수처를 중앙에 배치하고 그 주변을 빙그르르 한 바퀴 돌 수 있게 한 병원 공간은 제법 대범하면서도 느긋한 구조입니다. 마치 건축 공간이 편안한 임부복처럼 임산부들의 몸과 마음을 부드럽고 넉넉하게 감싸는 듯 배려하고 있지요.

2층의 메인 공간은 작은 오케스트라가 연주를 하기도 했다는 커다란 살롱(거실)입니다. 이 살롱의 뒤쪽으로 달사스 박사의 서재(1층 진찰실 앞의 홀에서 계단으로 바로 올라갈 수 있도록 설계되어 있네요.)가 있고 식당과 주방이 있습니다. 2층에서 주목할 공간은 바로 달사스 부인을 위한 작은 거실입니다. 이 공간은 쉽게 가기 어려운 동선으로 되어 있

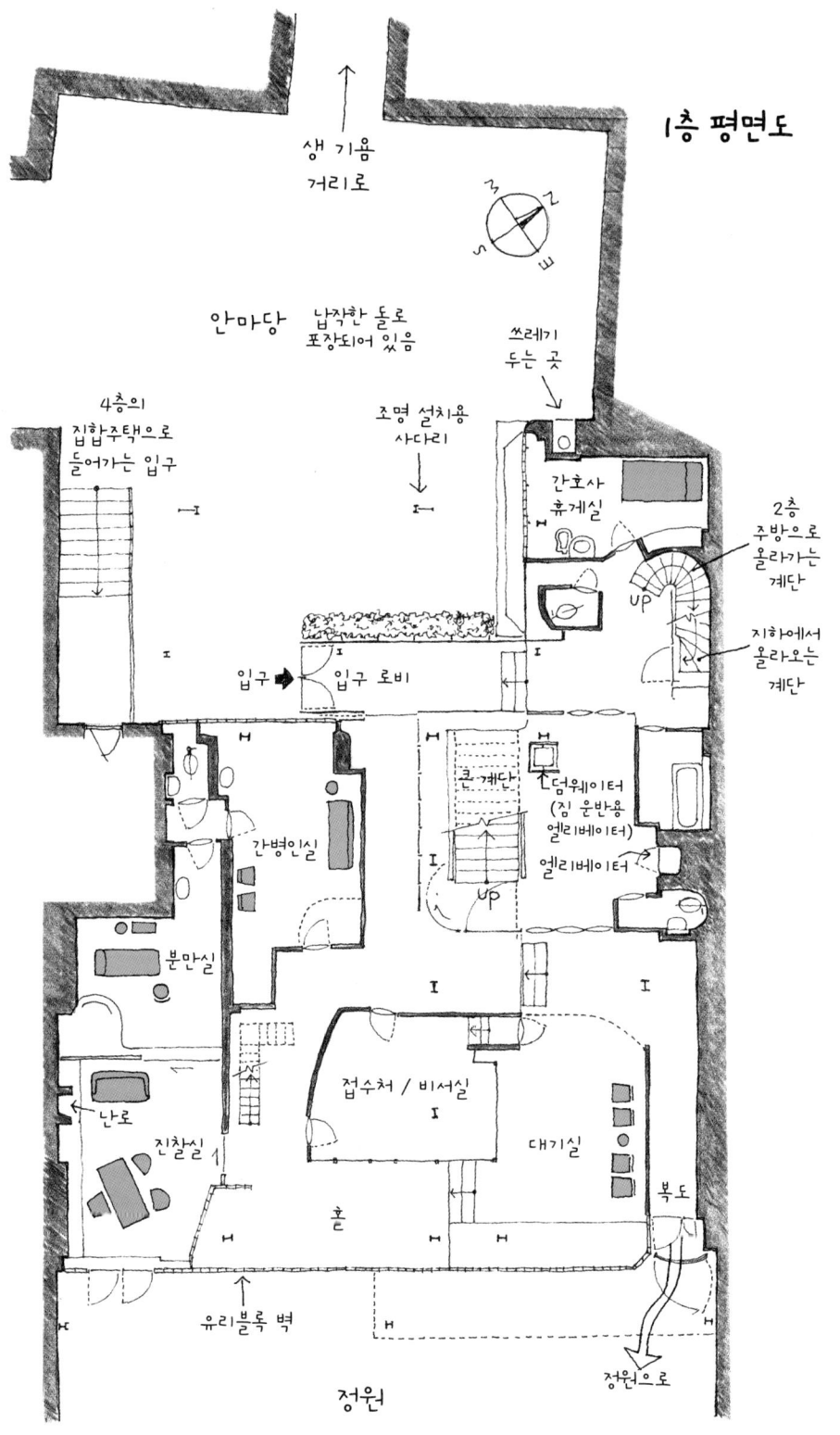

2층 평면도

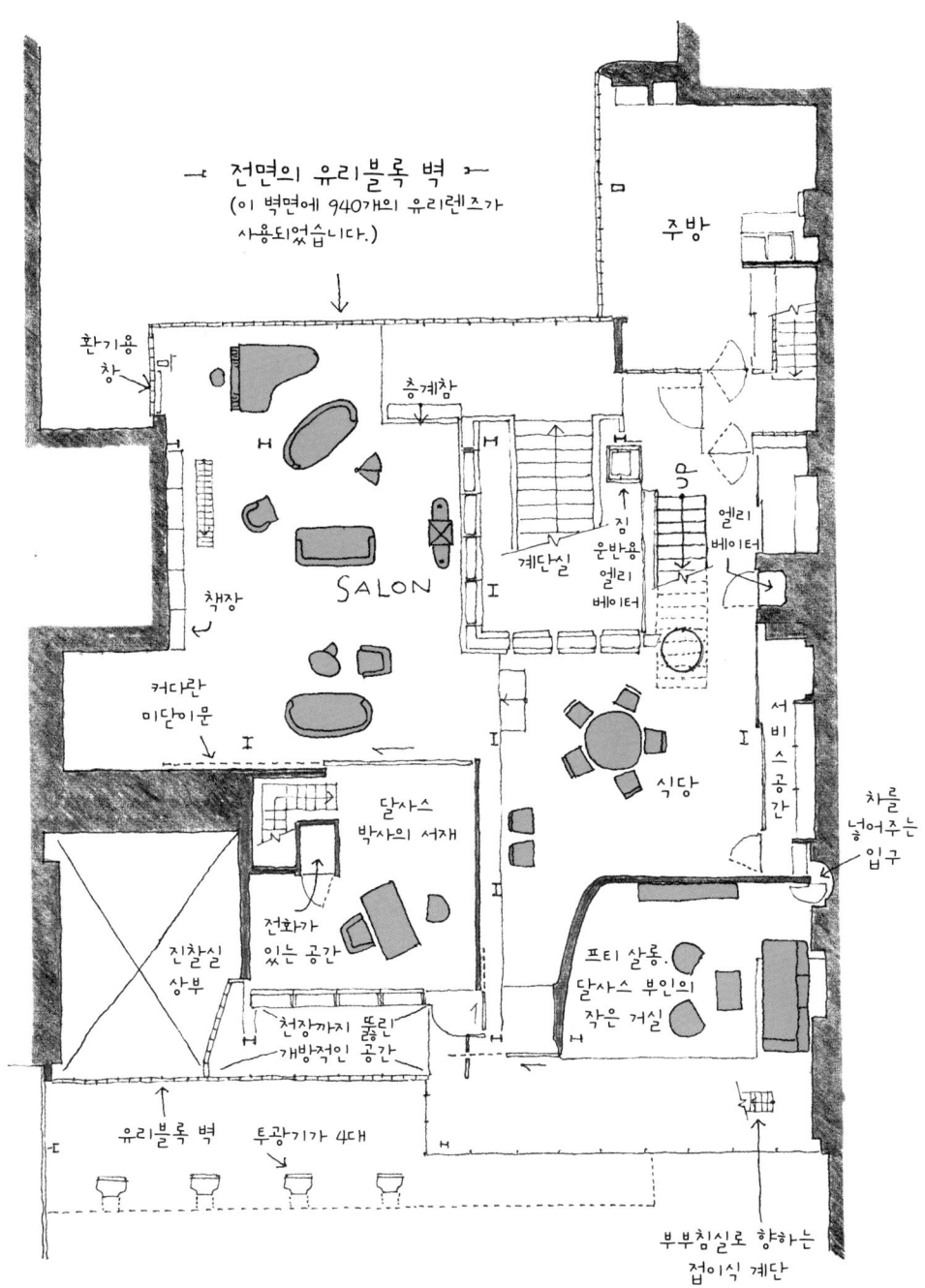

3층 평면도

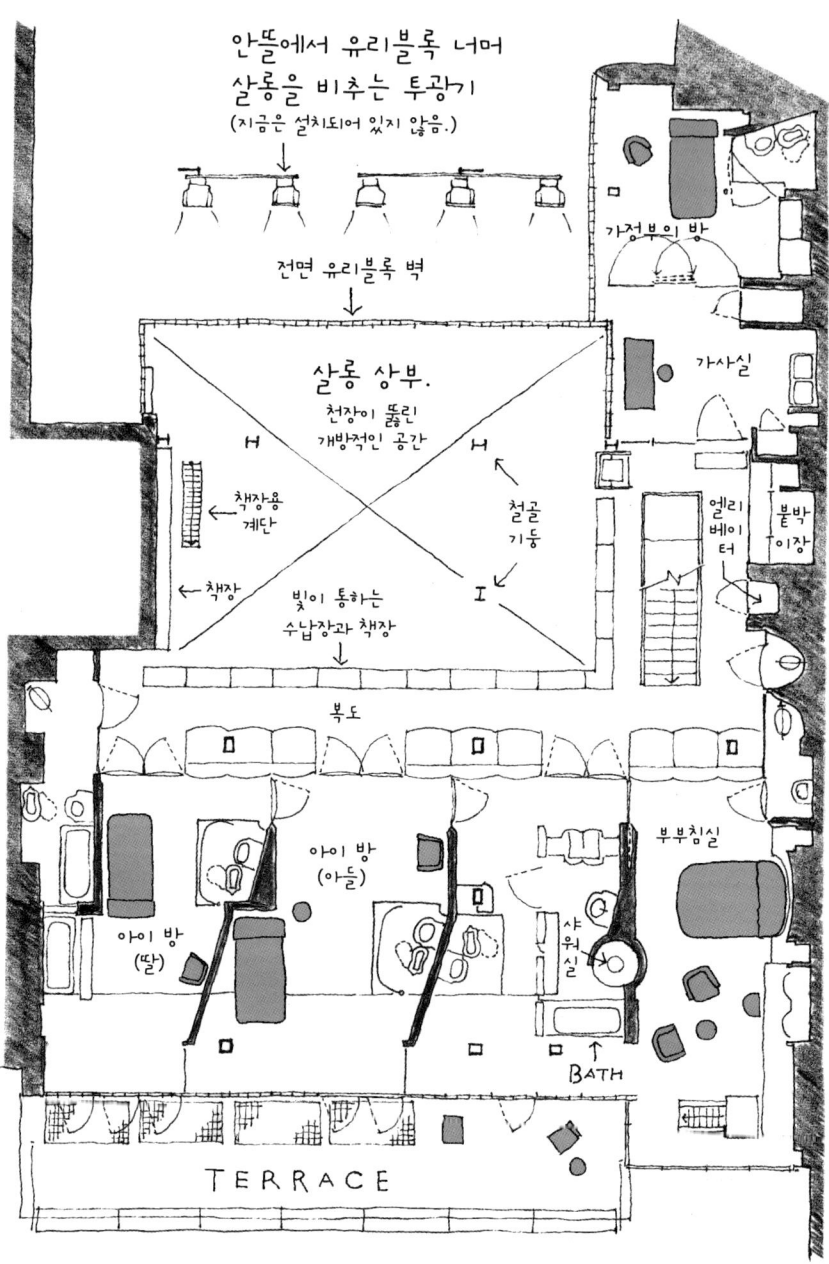

어 마치 〈은신처〉와도 같은 안락함과 안도감을 품고 있습니다. 원래부터 그런 공간을 좋아하는지라 저도 그곳에 크게 마음을 빼앗겼지요. 〈프티(작은) 살롱〉이라 불리는 이 공간에는 3층의 부부침실로 연결되는 접이식 계단이 비밀스럽게 숨겨져 있기도 했습니다. 고혹적이라고 하면 좋을까요. 그 모습에서 마치 이상스러운 두근거림을 맛보게 되었지요. 아 참, 이런 것도 있었어요. 이 가기 힘든 동선 때문에 곤란한 사람은 아무래도 이 집의 가정부였겠지요. 때문에 방 한쪽에 외부에서 차를 넣어주는 새장 크기만한 회전식 투입구도 설치되어 있었습니다.

3층에는 가족용 침실이 있습니다. 부부침실 하나와 아이 방 두 개가 있고, 그 외에 가족실과 가정부가 쓰는 침실이 있습니다. 병원 공간을 제외한 주택 공간만 쳐도 메종 드 베르의 바닥 면적은 150평 정도 됩니다. 그러나 이렇게 넓은 집이지만 손님을 위한 예비 침실은 없습니다.

3층에서 눈여겨볼 부분은 각 침실에 설치되어 있는 우주선의 조종실 같은 느낌의 욕실(126쪽 그림 참조)입니다. 그리고 또 하나는 어떤 침실에서도 나갈 수 있게 되어 있는, 정원을 마주보는 동남향의 테라스입니다. 마치 〈툇마루〉 같은 그 테라스는 어딘가 동양적인 분위기를 자아내고 있었습니다.

빛의 기적, 빛의 궁전

철골로 3층 부분을 어떻게든 받친 상태에서 1층과 2층 벽을 전부 들어내고 보면 그 텅 빈 곳을 가로질러 〈빛〉과 〈바람〉이 통과하는 대단히 기분 좋은 공간이 나타납니다. 건물 안을 통과하는 바람이 기분 좋은 것임은 건축가인 피에르 샤로와 건축주인 달사스 부인 역시 알고 있었겠지요. 어쩌면 가냘픈 철골 기둥이 늘어선 공사현장에서 "빛이 건물 안을 통과하는 것도 꽤나 기분 좋은 것이군요."라는 이야기를 두 사람이 나누었을지도 모르겠네요.

실제로 건물 내부를 걷다 보면 그 좋은 느낌이 온몸에 파고듭니다.

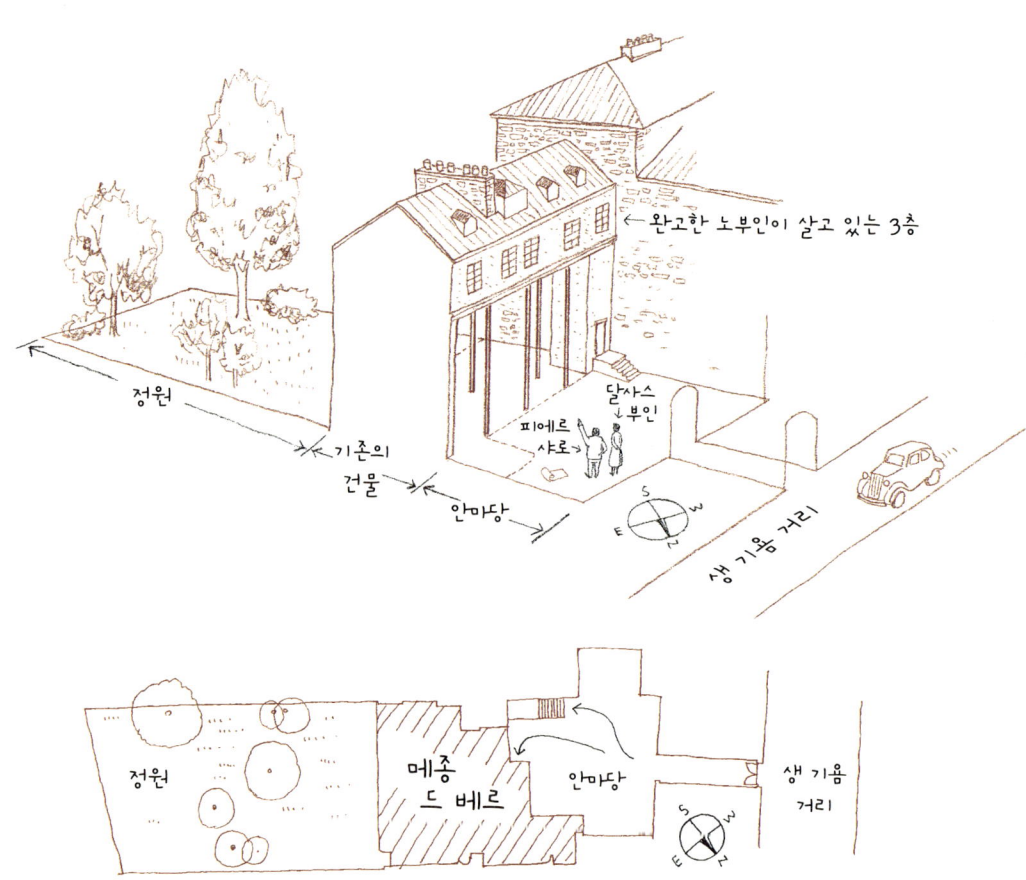

"유리렌즈를 통과해 들어온 소중한 자연광을 어떻게 하면 최대한 낭비하지 않고 실내 구석까지 두루두루 효과적으로 미치게 할 것인가?" 그것을 위한 아이디어와 궁리가 이 건물의 커다란 볼거리이지요. 예를 들어 식당의 그릇장이나 수납장에서도 그런 아이디어를 찾아볼 수 있습니다. 장의 옆면과 윗면에 철망이 삽입된 유리를 끼워 넣어 구석구석까지 빛이

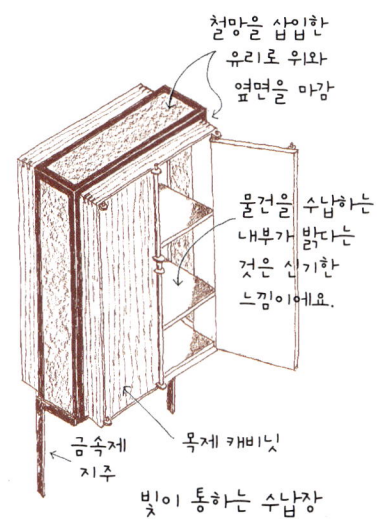

통할 수 있도록 세공한 것이 그 예지요. 이 정도로 피에르 샤로는 빛에 대해 철저했습니다. 이런 부분을 보고 있자니 〈빛을 끌어들이는 것〉에 대한 성실한 집념에 저도 몰래 미소를 짓게 되네요.

그건 그렇다 쳐도, 자연광을 이렇게까지 효과적으로 실내로 끌어들인 예가 또 있을까요? 실내에 충만한 자연광의 아름다움은 〈빛의 기적〉이라고 부르고 싶을 정도였습니다.

폭이 약 9.3미터, 높이가 약 5.3미터인 벽면 전체에 유리렌즈를 끼워 넣은 거실에 저는 우두커니 서 있었지요. 눈을 크게 뜨고 온몸의 감각을 열어 저를 감싸는 향기로운 공간을 느껴보려 했습니다. 그러다 어느 순간 공중으로 몸이 떠올라 빛의 매개체 속에서 일렁이고 있는 듯한 이상한 감각에 사로잡혔습니다.

빛에 대한 피에르 샤로의 노력은 자연광뿐만이 아니었습니다. 밤에도 메종 드 베르에는 빛이 통해야 한다고 생각한 것이지요. 그래서 유

메종 드 베르 2층의 커다란 거실. 넓은 계단을 오르면 유리렌즈를 투과한 자연광이 가득한 커다란 거실 공간이 펼쳐집니다. 피아노 안쪽으로는 핸들 조작으로 여닫는 통풍환기용 창이 있습니다. 책장은 튀어나온 벽면에 설치했고, 높은 곳의 책은 이동식 전용 계단을 이용하지요. 가구에서 계단에 이르기까지 전부 피에르 샤로와 대장장이 루이 달베가 힘을 합쳐 만들었습니다.

피에르 샤로

리렌즈를 붙인 외벽 바깥쪽에 무대조명으로나 쓸 법한 커다란 조명기구인 투광기를 설치했습니다. 안마당 쪽에 다섯 개, 정원 쪽에 네 개의 투광기를 설치해 유리렌즈를 통해 실내에 빛을 비추도록 했지요. 한밤중, 실내에서 새나가는 빛과 실내로 흘러들어오는 빛이 서로 얽혀 건물은 거대한 〈발광체〉가 되고, 아마도 그렇게 해서 그 집은 다른 차원의 세계에서 날아와 이곳 파리의 오래된 거리 한쪽에 내려앉은 물체처럼 보였을 거예요.

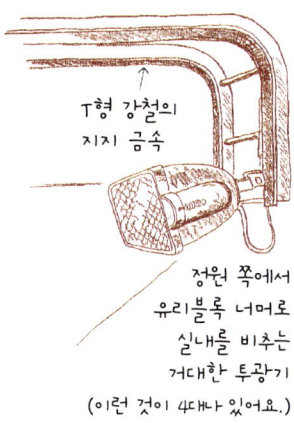

T형 강철의 지지 금속

정원 쪽에서 유리블록 너머로 실내를 비추는 거대한 투광기
(이런 것이 4대나 있어요.)

모눈종이 유리렌즈

이 집에 〈빛의 기적〉을 탄생시킨 것은 바로 가로 세로 20센티미터, 두께 4센티미터의 네바다형(nevada type, 유리렌즈 제조사 〈파베 드 베르〉에서 붙인 렌즈 이름) 유리렌즈입니다. 겉모습이 비슷하기 때문에 메종 드 베르의 외벽에 유리블록을 쌓은 것이라 오해하기 쉽고 그런 기록도 자주 눈에 띄지만 이는 틀린 정보입니다. 소재는 어디까지나 유리렌즈입니다.

　개축공사를 하는 동안 피에르 샤로의 최대 관심사는 〈채광〉이었고, 그 이미지에 적절한 소재를 찾는 데 무척이나 신중하고 꼼꼼했을 겁니다. 초기 단계에서는 한쪽 면을 갈아 가공한 두꺼운 렌즈를 실험했는데 어딘지 완벽하게 마음에 들지는 않았다고 합니다. "그렇다고 커다란 판

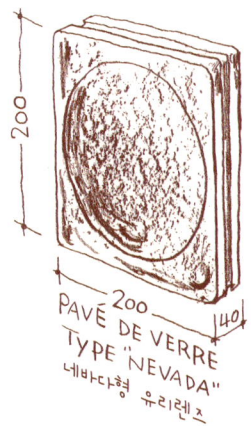

PAVÉ DE VERRE
TYPE "NEVADA"
네바다형 유리렌즈

정원 쪽
유리벽

유리를 넣자니 예술성이 부족한데……." 샤로는 고민했습니다. 그러다가 신소재인 네바다형 유리렌즈를 발견하고는 "바로 이거야!"라고 생각했겠지요. 이런 경우 보통이라면 커다란 판유리 쪽을 선택하기 마련입니다. 그러나 샤로는 판유리에 대해 "긴장감 없이 넓기만 해서 재미가 없다."고 느꼈고, 제게는 그런 면이 흥미롭게 다가왔습니다. 그런 면에서 생각해보니, 하나하나의 작은 단위가 모여 하나의 큰 집합을 만들어가는 쪽이 제한 없이 확장되어가는 무한성을 보다 더 잘 표현해 준다는 느낌이 듭니다. 샤로는 분명 무한히 퍼져가는 〈빛의 면〉을 원했을 테니까요.

샤로가 커다란 벽면을 유리렌즈로 만들기 위한 계획서를 들고 가자, 당시 네바다형 유리렌즈를 제작하던 회사 관계자는 얼굴이 파랗게 질려서는 "장담할 수 없다."며 난색을 표했다고 합니다. 하지만 결국 메종 드 베르의 전체 벽면은 24개의 유리렌즈를 〈가로 4줄 X 세로 6줄〉로 묶어 그것을 하나의 단위로 해서 가는 테두리의 철골 틀에 끼워 패널로 만든 다음, 그 패널을 하나씩 위로 쌓아올려 커다란 벽면을 완성한다는 공법

생 기욤 거리와 접하면서 동시에 건물 밑을 통과하는 작은 안마당. 메종 드 베르의 유리블록 벽면이 이 안뜰을 L자형으로 감싸고 있네요.

을 채용하게 됩니다(106-107쪽 사진 참조).

여기서는 유리렌즈와 줄눈 폭의 기본 사이즈가 상당히 중요한 치수가 됩니다. 창이든 문이든 원칙적으로 치수는 기본 사이즈의 배수여야 하기 때문이지요. 즉 이 집은 유리렌즈 사이즈가 모눈종이의 눈금 하나가 되고, 크게 보면 건물은 평면적으로도 단면적으로도 모눈종이의 모눈이 쌓여서 되는 것이지요.

메종 드 베르에서 유리렌즈를 삽입한 외벽을 주의 깊게 살펴보면 꽤나 성실하게 수학적으로 만들어져 있다는 인상을 받습니다. 이런 식의 〈계산에 들어맞는〉 느낌이 건물에 일종의 견실함과 정합성을 부여한다고 저는 생각합니다. 그의 작품집을 통해 이전까지 샤로가 작업했던 것들을 보면 수수하고 담백한 장식성은 느낄 수 있지만, 수학적이라든가 정합성이라고 하는 이공계적인 인상은 어디에서도 찾아볼 수 없었습니다. 하지만 유리렌즈를 채택한 것이 샤로에게 수학적인 틀이라는 제약을 주었고, 그 제약을 지키는 과정에서 메종 드 베르는 지금까지의 건축 상식에서 크게 벗어난 전위적인 경지에 발을 내딛게 된 것이 아닐까라는 생각이 들었습니다.

움직이고, 움직이는

가구와 건축에 있어 〈사물이 움직인다〉는 측면을 이렇게까지 철저히 추구한 사례가 또 있었을까요? 메종 드 베르는 〈장치〉와 〈설비〉, 〈기계적인 조작〉이라는 아이디어가 가득한 주택입니다. 문과 창문이 움직이는 것은 당연한 일입니다. 그러나 문과 창문이 한쪽으로 치우친 축으로 회전하거나, 원을 그리며 미끄러지듯 움직이거나, 서로 연동해서 움직이거나, 움직이기에 터무니없는 크기인데도 움직인다면 그건 결코 〈당연한 움직임〉이 아니겠지요. 가구도 마찬가지입니다. 이 집에는 잘 움직이게 하기 위한 장치가 거의 모든 가구에 고안되어 있습니다. "움직일 필요가 있을까, 없을까?"라는 촌스러운 말을 해서는 안 됩니다. 〈움직인다〉는 그 자체에 의미가 있는 것이니까요.

이렇게 쓸 만큼 저는 피에르 샤로를 잘 알고 있고 그에 대해 제대로 이해하고 있다고 생각해 왔습니다. 그런데도 그 움직임에 놀라 갑자기 말문이 막혀버린 경우가 있었습니다. 바로 비데입니다. 이 집에는 총 여섯 군데에 비데가 설치되어 있는데, 놀랍게도 그 여섯

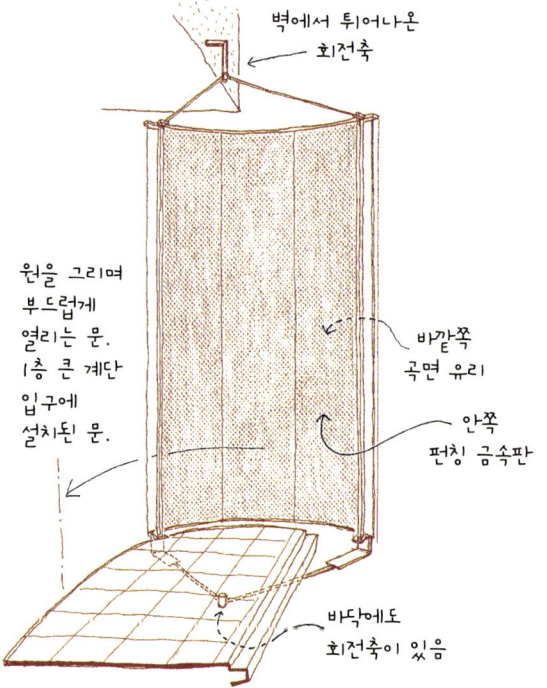

개의 비데 전부가 움직입니다! 배수관이 연결되어 있는 위생도기마저 움직이도록 해야 만족하는 그는 아무래도 보통사람이 아닌가 봅니다.

　범인으로서는 헤아릴 수 없는 광적인 정신, 일종의 광기가 메종 드 베르라는 희대의 주택 여기저기에 숨어 있는 듯합니다.

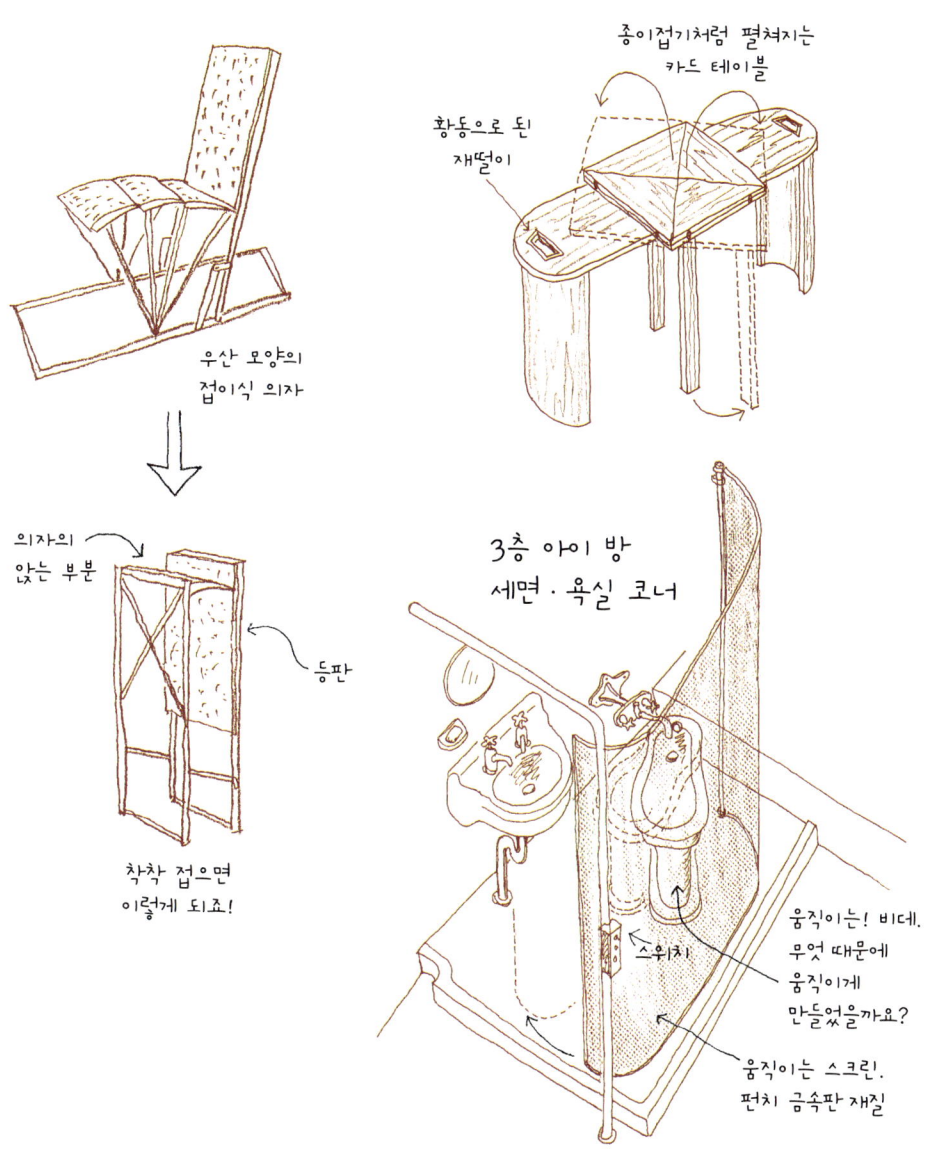

계단을, 캐스팅하다

저는 주택을 이해하기 위해 상상 속에서 그 집의 평면도 안을 자주 걸어보곤 합니다. 물론 메종 드 베르 역시 평면도 속을 몇 번이나 걸어보았지요. 하지만 그저 멍한 채 부주의하게 걷지는 않았습니다. 제가 그 집에 사는 달사스 부인이 되어, 그녀의 남편이자 산부인과 의사인 달사스 박사가 되어, 아들이 되어, 딸이 되어, 파티나 음악회에 초대받아 근사하게 차려입고 방문한 손님이 되어, 그 집에서 일하는 가정부가 되어, 병원을 다니는 임산부가 되어, 간호사가 되어, 잡무를 담당하는 남자 직원이 되어 걸어보았습니다.

그러는 동안 차츰 이 집의 동선계획이 실로 주도면밀하게 신중히 다듬어져 있다는 사실을 실제적인 감각으로 이해하게 되었습니다. 이 건물은 병원 겸용 주택이면서 동시에 드나드는 손님이 많은 사교계의 살롱이기도 했습니다. 그러므로 이 집이 제대로 기능하기 위해서는 무엇보다도 완벽한 동선계획과 그것을 성립시키는 과하지도, 부족하지도 않은 평면계획이 필요했을 겁니다. 그래서 한 채의 주택이라는 무대 위에 서 있는 등장인물 한 사람 한 사람이 〈나도 모르는 사이〉에 〈무심코〉 불편함 없이 서로 스쳐 지나갈 수 있도록 한 교묘한 평면계획이 나왔습니다. 〈나도 모르는 사이〉가 시간차에 대한 것이고, 〈무심코〉가 공간 배치에 관한 것임은 말할 필요도 없겠지요.

이것을 정교하게 완성시키고 있는 것은 수많은 창과 문, 그리고 지압으로 혈자리를 누르듯 요소요소 적확하게 배치되어 있는 〈계단〉의 존재입니다. 폭이 넓고 여유로운 1층의 큰 계단은 이 집의 〈인기배우〉이며, 곡예적인 매력을 뿜어내는 서재용 계단, 침실로 사람을 수월하게

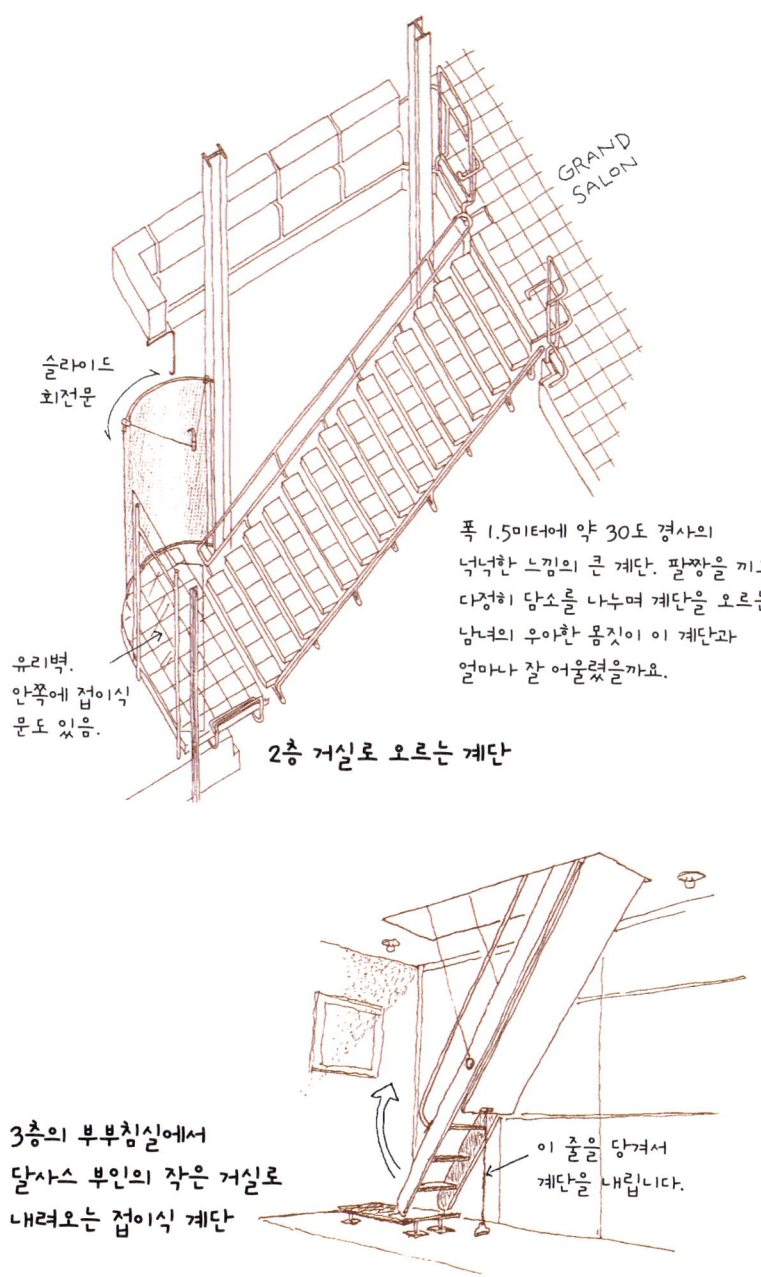

인도하는 성실한 계단, 천장에서 갑자기 얼굴을 내미는 장난꾸러기 계단, 가냘프고 섬세한 서커스단의 소녀 같은 책장 계단에 이르기까지, 이 집의 절묘한 〈계단 캐스팅〉에 눈이 휘둥그레질 정도입니다.

마지막으로 〈명품조연〉 역할에 충실하며 이 무대와 연기 전체를 등 뒤에서 제대로 받쳐주고 있는, 지하에서 2층 주방까지 연결되는 건물 북쪽 구석의 가정부용 서비스 계단도 꼭 주목해 주시길 바랍니다(110쪽 평면도 참조). 이 계단 없이는 다양한 용도와 역할을 맡고 있는 메종 드 베르가 기능할 수 없었을 테니까요.

대장간의 우두머리

견학 후, 뜨거워진 머리를 식히기 위해 근처에 있는 카페에 들렀습니다. 맥주를 마시다가 문득 "결국 이 집은 대장간의 루이 달베(피에르 샤로의 친구이자 금속 세공인)가 지은 것은 아닐까?"라는 상념에 사로잡혔습니다. 보고 온 지 얼마 안 된 메종 드 베르의 인상을 이리저리 반추해보는 동안, 스트로보 영상처럼 계속해서 떠올랐다가 사라지는 것은 수많은 〈금속 작업〉이었기 때문입니다. 물론 설계 혹은 디자인적인 면에서는 피에르 샤로의 작업과 그것에 대한 이해가 기본이 되어야 할 것이고, 또한 빛의 기적에 대해서도 마음 깊이 감동했습니다.

그러나 숨을 죽일 정도로 압도적이며 수준 높은 금속 작업의 역작들을 목격하고 실제로 만져보는 동안 루이 달베라는 대장간 우두머리의 놀라운 솜씨에 완전히 감복하고 말았던 것입니다. "우두머리 양반, 당신 정말 대단해요!"라며 말을 걸어보고 싶을 정도의 기분이었으니까요.

"금속이라면 무엇이든 생각하는 대로 가능했다."고 말하는 루이 달베는 소재가 철이든, 황동이든, 알루미늄이든 무엇이든 상관하지 않았어요. 또한 기술적인 부분에 있어서도 용접이든, 굽힘이든, 접합 세공이든 무엇이든 자유자재로 완벽하게 해내는 놀라운 실력을 가진 금속 장인이었습니다.

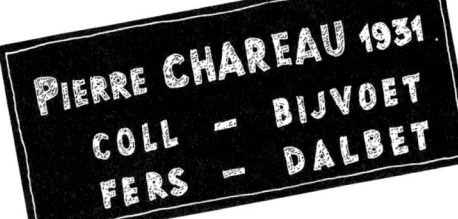

건물을 안내해준 건축가의 말에 따르면, 메종 드 베르를 설계하던 당시 피에르 샤로는 목재에 대해서는 익숙했지만 금속에 관해서는 그다지 많은 지식과 아이디어를 내놓지 못했다고 합니다. 결국 메종 드 베르를 짓는 동안 금속 작업에 관한 그의 기량이 일거에 최고 수준에까지 이르게 된 셈이라고 할 수 있죠. 그것도 달베라고 하는 친구이자 대장간 우두머리와 협력 작업을 하면서 말이지요.

메종 드 베르의 여기저기에 있는 〈어딘가에 고정되어 있다는 사실을 잊고 싶기라도 한 듯〉 가볍게 움직이는 창과 문, 펀칭 금속이나 철망이 삽입된 유리, 목제 캐비닛을 짜 넣은 서재와 식기장 등은 정말 대단한 것들입니다. 그러나 달베가 자신의 감각과 솜씨를 가장 잘 발휘한 곳은 3층에 있는 3층짜리 옷장과 욕실과 세면실 주변의 것들입니다.

곡면으로 가공된 듀랄루민 평판으로 감싸 만든 스탠드식 수납 선반, 그리고 거기에서 불쑥 얼굴을 내미는 수건과 속옷 선반, 적당한 곳에 격납되어 있는 각종 약이 들어 있는 캐비닛, 한쪽 축으로 빙그르 회전하는 몇 개나 되는 수건걸이, 심지어는 움직이는 스크린을 붙인 금속

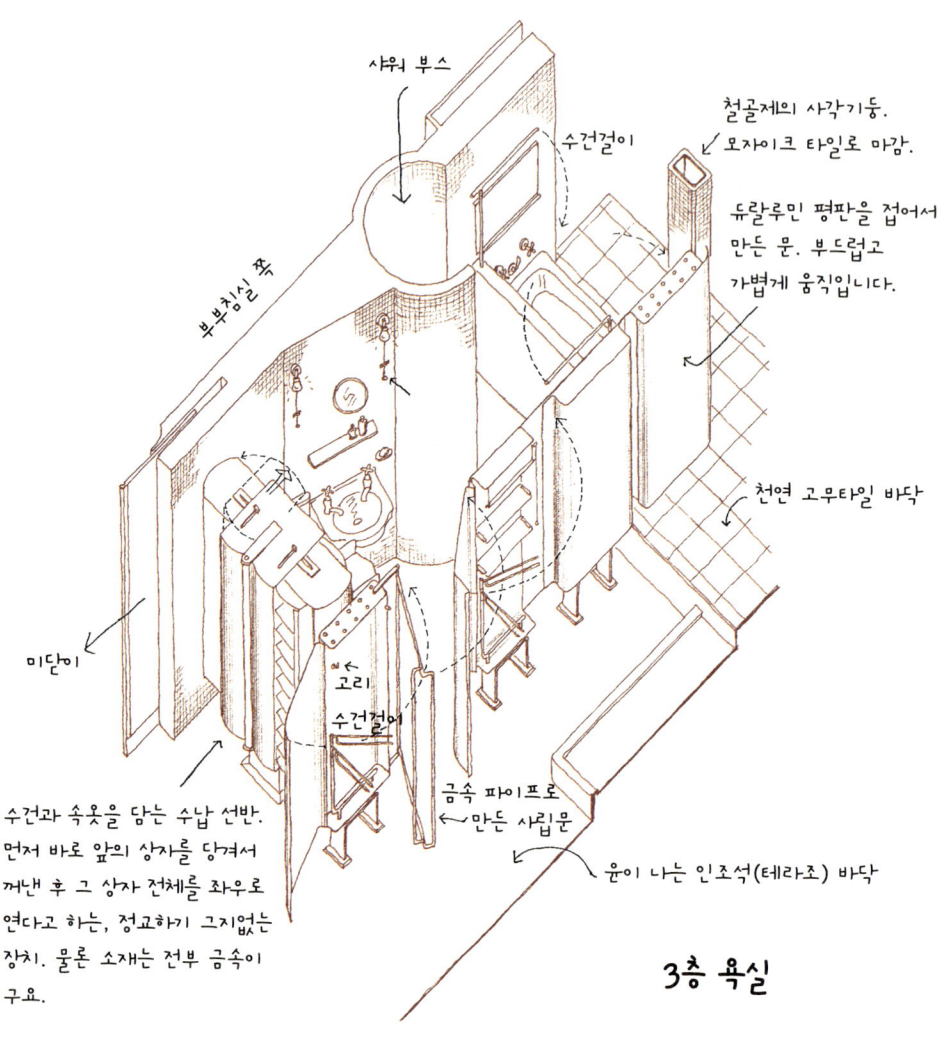

3층 욕실

파이프로 만든 사립문까지, 금속으로 만들어낼 수 있는 온갖 작업들이 욕실 주변에 집결되어 있다는 느낌이 들었습니다.
  더구나 이 모든 것이 금속임에도 불구하고 겉보기에도, 만져본 감촉을 통해서도 부드럽고 우아하다는 것을 특별히 언급해둘 필요가 있을

피에르 샤로 126

듯합니다. 아마도 이 작업에 임하던 중 루이 달베의 머릿속에는 달사스 부인의 용모와 우아한 몸짓이 떠나지 않았을지도 모르겠네요. (갑자기 영화 「무보마츠의 일생」에 나오는, 미망인을 향한 한결같은 짝사랑을 연상하고야 말았네요. 젊은 독자분들은 무슨 말인지 잘 모르시겠지만요.)

"부인을 위해서라면 이 정도쯤은 당연하지." 이런 말을 중얼거리며 큰 망치로 메질을 하며 부지런히 풀무질을 했을 달베의 모습을 제 마음대로 상상해 봅니다.

대장간의 장인 루이 달베는 따뜻하고 커다란 손을 가진 사람이었을 거라는 상상도 하게 되구요.

루이스 바라간 · 루이스 바라간의 집
멕시코 / 멕시코시티 / 1947년

루이스 바라간 Luis Barragán, 1902-1988

1902년 멕시코 과달라하라에서 출생. 생가는 광대한 농장과 목장을 소유한 유복한 귀족 집안이었다. 1919년 과달라하라 자유공과대학에 입학, 1923년 토목기사 자격을 획득했다. 1924년 18개월 동안의 유럽 여행을 거친 후 과달라하라에서 건축설계를 시작한다. 그 당시 바라간의 작품은 프랑스 조경학자인 페르디난드 바크와 알람브라 궁전에서 받은 영향으로, 지중해나 이슬람의 분위기를 멕시코의 전통건축에 섞은 스타일이었다. 1931년 두 번째 유럽 여행을 떠났고, 1935년에 멕시코시티로 이주한다. 1940년대 중반까지는 자신의 집을 설계하고 정원 만드는 일에 전념했으며 이후 토지개발업자의 일도 시작한다. 1976년에 뉴욕현대미술관에서 전시회를 개최했고, 1980년에는 프리츠커상을 수상했다. 〈루이스 바라간의 집〉을 시작으로 〈카푸친 수도원〉, 〈산 크리스토발 주거 단지〉, 〈기라르디 하우스〉 등의 작품을 남겼다.

Luis Barragán
Luis Barragán House

멕시칸 컬러

멕시코 여행은 이번이 두 번째입니다.

첫 여행은 10년 전쯤의 여름으로, 유카탄 반도에 남은 마야 문명의 유적을 찾아 떠나는 여행이었지요. 급경사가 특징인 그곳의 피라미드를 둘러보고 실제로 그곳에 올라보는 것이 여행의 가장 큰 목적이었습니다.

멕시코의 시골에서 여름휴가를 한가롭게 보내고 싶어 계획한 여행이었지요. 그러나 한가롭기는커녕 덜컹거리는 대형버스를 타고 유카단 빈도의 밀림 속을 몇 백 킬로미터나 줄곧 달려 최종적으로 카리브해 연안의 휴양지 칸쿤에 도착하는, 어딘가 서바이벌 프로그램 같은 투어가 되고 말았지요. 그러고 보니 생각납니다. 제가 이 여행에 끌어들인 친구에게는 안타깝게도 말로만 그런 게 아니라 진짜 서바이벌 투어가 되고 말았거든요. 길거리에서 산 주스를 마시자마자 맹렬한 구토와 설사, 발열이 친구의 몸을 덮쳤고 급기야 탈수증상까지 겹쳐 의식이 흐려지기 시작했습니다. 증상이 최악으로 치달았을 때, 다행히도 진료실이 있는 치첸이차라는 유적지에 도착해 의사의 진료와 처치를 받을 수 있게 되었지요. 그렇게 간발의 차이로 겨우 큰 사건으로까지는 가지 않고 끝났습니다.

"여행지에서는 물이 바뀌니까⋯⋯."라는 말을 자주하지만, 저는 이 말을 그저 "평소와는 다른 음식에 주의하도록!"이라는 의미의 비유적인 표현이라고만 생각해 왔습니다. 그러나 그 말이 정말 "물 그 자체에 주의하라!"는 경고였다는 사실을 바로 그때 목격하게 된 것입니다.

그리고 이 여행에서 눈으로 목격한 후 깊게 인상에 남은 것이 또 하나 있습니다. 바로 뚜렷한 색감의 〈멕시칸 컬러〉입니다.

우선 저는 여기저기 흐드러지게 피어 있는 진홍색의 자귀나무 꽃과 부겐빌레아의 선명한 빛에 눈길을 빼앗겼지요. 그리고 직접 페인트칠을 한 건물 외벽의 놀라울 정도로 화려한 색감과, 벽면마다 서로 다른 색으로 칠해진 뜻밖의 색조합에 강한 인상을 받았습니다.

멕시코의 건조한 공기 아래 전개되는 이러한 색의 향연은 저의 망막에 깊이 각인되었고 그 모습은 멕시코에 대한 인상으로 제 마음속 깊은 곳에 정착되었습니다.

화려한 색과 뜻밖의 색조합으로 이루어진 멕시코의 토속적인 건축물들을 보는 동안, 그 나라가 낳은 세계적인 건축가 루이스 바라간이 끊임없이 떠올랐습니다. 현대건축 속에 〈색채〉를 적극적으로, 그리고 효과적으로 도입한 것에 있어서는 세계 그 어느 건축가의 추월도 허락하지 않았던 인물이 바로 루이스 바라간입니다.

로즈핑크색 벽, 그리고 전화기

〈루이스 바라간의 집〉은 멕시코시티 타쿠바야에 있습니다.

건물 외관은 주변 거리와 조용히 조화를 이루고 있어 운전사가 도착했다고 이야기하기 전까지는 목적지인 루이스 바라간의 집이라고 알아채지도 못했습니다. 근처겠구나 싶어 택시 창 너머로 주의 깊게 보고 있었는데도 말이지요.

택시에서 내려 찬찬히 건물 외관을 올려다보았습니다. 상부에 잠깐 보이는 선명한 색깔의 벽과 튀어나온 사각형 돌출창 이외에 눈에 띄는 특징은 없었고, 곧바로 이거구나 싶은 현관문다운 것도 발견하지 못했습니다. 멕시코시티에는 도로 쪽에 접하고 있는 건물 외관에 관한 법적인 규제가 있다는 이야기를 들은 적이 있습니다. 하지만 말 한 마디 붙여볼 수 없을 것 같은 무뚝뚝한 표정의 이 집 외관은 그런 이유에서라기보다는 〈바라간의 취향〉이 그렇다고 보는 편이 더 나을지도 모르겠습니다.

차고 입구 옆, 뒷문 같은 표정으로 저를 반겨주던 치자색 문이 건물로 들어가는 입구, 즉 현관문이었습니다. 의외였지요. 문으로 들어가니 약간 어두우면서 가늘고 긴 통로가 일직선으로 안쪽까지 연결되어 있었고, 통로 왼편으로는 긴 벤치가 만들어져 있었습니다. 이 공간을 무

루이스 바라간의 집 도로 측 외관. 무뚝뚝한 모습의 거리와 완전히 동화되어 있지요. 옥상 쪽을 올려다보면 바라간다운 입체 구성과 배색이 눈에 띄지만 외관만으로는 도무지 이 집 내부에 그렇게나 뚜렷한 색감을 지닌 공간이 가득 차 있을 거라고는 도저히 상상할 수 없었습니다.

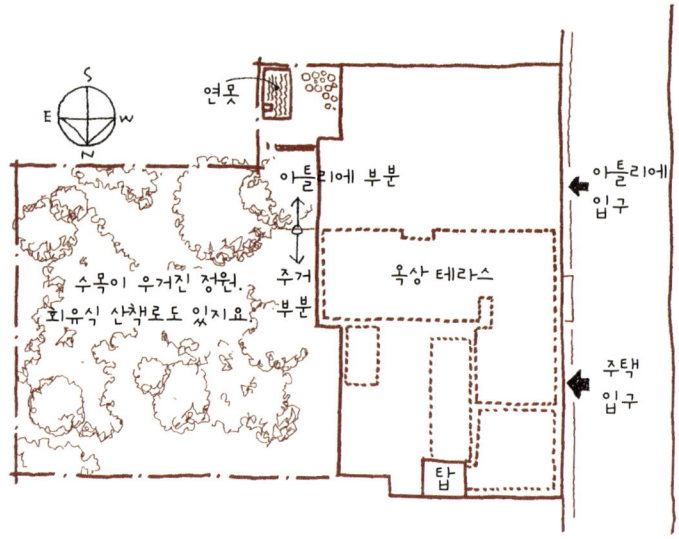

엇이라 불러야 좋을지는 모르겠지만, 아무튼 현관홀로 인도하기 위한 용도를 지닌 공간이라고 할 수 있겠습니다. 이 집의 방문자는 멕시코시티의 눈부신 거리에서 안으로 들어와 터널처럼 어두운 이 공간을 한 차례 통과하는 것으로 기분을 진정시킬 수 있지요. 그러니 이 집에 들어가기 위한 〈마음의 준비가 가능한 구조〉라 할 수 있겠죠.

어둠 속을 걸은 후 계단을 몇 개 올라서면 드디어 현관홀이 나옵니다.

바라간의 특징이라 할 수 있는 로즈핑크색 벽이 정면으로 껴안듯 방문객을 맞아주면 자연스럽게 눈과 몸은 서서히 왼쪽을 향하게 됩니다. 그쪽 방향에서 넘쳐흐르는 숭고한 자연광이 마치 몸과 마음을 사뿐히 떠오르게나도 할 것처럼 손짓하고 있기 때문이지요. 바로 그 순간, 불현듯 저는 제가 이 집의 가장 중요한 공간에 서 있다는 사실을 깨닫게 되었고, 저도 인식하지 못하는 사이에 자세를 단정히 하게 되었지요. 어두컴컴한 통로를 걸으며 마음의 준비를 단단히 한다고 생각했지만 그 정도로는 어림도 없었던 모양입니다.

제가 장승처럼 우뚝 서 있던 그 장소는 루이스 바라간의 집이라면 반드시 등장할 만큼 유명한, 전화 테이블이 있는 계단 옆 코너였습니다.

의자와 전화기가 사진에서 본 것처럼 놓여 있었고 빛이 들어오는 상태나 그 농도도 기억 속 장면과 같았습니다. 그러나 호흡을 가다듬고 마음을 진정시킨 후 다시 잘 살펴보니, 원통형 유리병에 꽂힌 꽃으로 전화 테이블이 장식되어 있고 바닥 깔개가 쓸려 찢겨져 있다거나, 분명히 있었던 계단 난간이 떼어져 있기도 해서 반드시 이전과 완전히 똑같다고는 말할 수 없었습니다(136쪽 사진 참조).

그건 그렇다 쳐도, 반세기도 전에 만들어진 공간임에도 불구하고 가구 배치는 물론 대부분의 것들이 당시 그대로의 상태로 남아 있다는 것을 어떻게 이해하면 좋을까요? 게다가 그 공간이 이전과 마찬가지로 사람의 마음에 커다란 감동의 파문을 던지고 있다면요.

바라간이 설계한 집에 사는 사람들 대부분은 가구의 배치부터 작은 장식품에 이르기까지 바라간이 결정한 위치를 바꾸지 않은 채 생활한다고 합니다. 그렇게 하게끔 만드는 것, 그렇게 하지 않으면 안 된다고 생각하게 하는 그것의 정체는 대체 무엇일까요?

바라간이라는 건축가의 예언자적인 힘, 혹은 교조적인 주술적 속박의 힘 때문일까요? 아니면 바꾸기 힘들 정도로 절대적인 공간 구성의 매력 때문일까요? 아니면 무언가 다른 특별한 이유가 있는 것일까요?

전화기가 있는 코너. 정말 유명한 공간이죠. 계단 위쪽, 열려진 창에서 쏟아져 내리는
자연광은 핑크색 벽에 반사되면서 매혹적인 빛이 되어 공간을 가득 채웁니다.

전화 테이블이 있는 공간 옆 계단의 층계참. 높은 창을 통해 금박의 그림에 반사된 빛이 아래층으로 떨어지고 있네요.

serenided=평온

주택을 견학할 때는 종종걸음 치지 않고 충분히 시간을 갖고 돌아보고 싶다는 생각을 항상 하는데, 이번에는 사전에 취재 교섭을 한 보람이 있었습니다. 운 좋게도 아침 10시부터 저녁 6시까지 루이스 바라간의 집을 완전히 빌린 상태로 볼 수 있었습니다.

집 내부를 몇 번이고 반복해서 걷고, 멈춰 서고, 의자에 앉고, 놓여 있는 물건 하나하나 유심히 들여다보고, 위치가 달라지는 빛의 추이를 느끼고, 눈을 감아보고, 나무 사이를 지나는 바람소리에 귀 기울이고, 한 걸음 뗄 때마다 가구와 벽을 손바닥으로 쓸어보면서 조용히 호흡하며 집을 둘러보는 일. 이런 일들이 음악을 듣거나 영화를 볼 때처럼 더 없는 행복의 탄성을 자아내게 한다는 사실을 루이스 바라간의 집이 새삼스레 제게 가르쳐주었습니다. (감사합니다, 바라간 씨!)

루이스 바라간의 집은 〈멈추어 서듯〉 혹은 〈조용히 서 있는 듯〉 설

넓은 정원 쪽을 바라보는 높은 천장의 거실과 식당. 정원 창가 쪽의 식탁 코너와 바로 앞의 거실 코너를 대각선으로 배치해 공간에 깊이감을 주고 있네요.

거실 난로 앞의 한 공간. 키가 큰 바라간은 가죽이 덧대어진 커다란 안락의자에 편안히 앉아 좋아하던 독서와 명상에 빠지곤 했답니다.

도서실에서 정원 쪽의 식당을 바라봅니다. 오른쪽 벽 한 면 가득 두꺼운 판으로 만든 책장이 설치되어 있습니다. 바라간은 대단한 독서가였다고 하는데 책에 메모를 하거나 밑줄을 그으며 읽었다고 합니다. 사진에서는 책장이 텅텅 비어 있지만, 2002년 9월에 방문했을 때에는 과달라하라에 보관되어 있는 장서를 전부 가져와 미술서, 건축서 등으로 가득 차 있었습니다.

계된 집처럼 느껴집니다. 그 이유는 모든 공간에 그곳의 확실한 중심 같은 것이 준비되어 있고, 그 중심이 품어내는 안정감이 그곳을 방문하는 사람의 마음을 평온하게 만들어 그 안에 계속 머물고 싶다는 생각을 하게끔 만들기 때문이지요.

바라간은 평생 독신으로 살았습니다. 침묵과 고독을 사랑하고 독서와 명상에 많은 시간을 들인 수도승 같은 삶을 산 사람이었다고 하지요. "나는 언제나 공간에 평온(serenided)을 만들어내려고 했습니다." 바라간은 이렇게 말합니다. 그러므로 그에게 있어 공간의 중심이란 것의 정체는 아마도 그가 말한 〈평온〉인 것이 분명합니다.

그뿐만 아니라, 각 공간의 장식에서 지우기 어려운 종교적 분위기가 감돌고 있다는 것에 대해서도 덧붙일 필요가 있습니다.

이 집 여기저기에는 성 모자상이나 그리스도상 등 종교화나 종교적인 조각품이 여러 점 전시되어 있습니다. 그런 그림이나 조각으로부터 종교적인 분위기가 퍼져 나오는 것은 당연하지요. 그러나 바라간의 손으로 주의 깊게 장식된 현대회화나 금색과 은색의 유리구슬과 색색깔의 병 등 그의 애장품들에서도 신성한 제단의 분위기가 분출되고 있습니다.

알기 쉽게 말하자면, 공간이라는 공간은 모두 〈예배당〉 같은 분위기를 띠고 있다고 할 수 있습니다.

모든 공간과 모든 코너가 다 그렇지만 두 군데만 예를 들어볼게요. 거실과 연결되는 식탁 코너에는 정원을 바라보는 커다란 고정 유리창에 십자가 모양의 새시가 설치되어 있고, 기도대처럼 보이기도 하는 독서대는 분명 예배당을 의식한 것으로 보입니다. 그리고 이 예배당에 어울리는 제단화로는 요셉 알버스의 「정사각형 예찬」 이외에는 떠오르지 않았습니다.

또한 2층 손님용 침실 벽에는 성 모자의 그림이 장식되어 있는데, 그림 속 마리아의 자비로운 시선이 침대에 누워 있는 사람의 얼굴 근처에 떨어지도록 걸려 있습니다. 그리고 도로 쪽 창의 네 쪽짜리 덧문을 살짝 열어보았습니다. 이 방의 종교적인 장식은 성 모자상뿐이라고 생각하며 말이지요. 하지만 덧문을 열자 놀랍게도 그 창으로부터 십자가 형태를 띤 빛이 실내로 스며들었습니다.

이런 점들 때문에 루이스 바라간의 집은 〈예배당 집합체〉라는 인상을 가지게 됩니다. 그리고 신앙심이 깊었던 바라간은 주택을 (혹은 방

정원을 바라보는 커다란 창 옆의 다이닝 테이블과 의자. 십자가 형태의 금속 새시가 유리를 보강하고 있습니다. 벽에 걸린 그림은 요셉 알버스의 「정사각형 예찬」입니다. 저에게는 이 집이 〈정사각형〉과 〈십자가〉에 바쳐진 것처럼 보였습니다. 왼쪽의 기도대처럼 보이기도 하는 커다란 피라미드 모양의 가구는 독서대입니다.

소파와 책장이 있는 거실의 한 부분. 바라간이 좋아하는 그림 같은 것들이 자연스럽게 전시되어 있어요.

2층 손님용 침실. 마리아의 시선이 침대에 누워 있는 사람의 얼굴 근처에 떨어지도록 성 모자상 그림이 걸려 있습니다.

상하 두 단으로 되어 있는 여닫이 덧문. 네 쪽의 문을 각각 조금씩 열었더니 놀랍게도 〈빛의 십자가〉가 출현했습니다.

을) 기도나 명상을 위한 장소로 생각했으며, 그렇기 때문에 모든 장소가 눈에 보이지 않는 질서를 지닌 〈제단〉이 되었다고 생각합니다.

바라간이 설계한 집에 사는 사람들이 몇 년 혹은 몇 십 년 동안 가구나 장식품의 위치를 바꾸지 않았고 또한 바꿀 수 없었던 것은 그것이 실은 제단의 장식이었기 때문은 아닐까요?

식당의 창. 창틀에 유리병 두 개를 올려둔 것만으로도 제단과도 같은 종교적인 분위기가 풍겨져 나옵니다. 들어오는 빛마저 숭고하게 느껴지는군요.

정사각형과, 추억에 바쳐진 공간들

루이스 바라간의 집에 있는 공간들은 〈제단을 겸비한 예배당〉이라는 생각을 조금 더 진행시켜 보려 합니다. 예배당이기 때문에 그 공간이 신에게 바쳐진 것이라는 사실은 분명합니다. 그러나 그곳에 서서 시간을 잊고 공간의 장식을 주의 깊게 바라보고 있으면, 교회와는 달리 그 공간이 오직 신에게만 바쳐져 있는 것은 아니라는 사실이 보이기 시작합니다.

그곳들은 기하학적인 형태, 특히 〈정사각형에 바쳐진 공간〉이기도

침실 옆의 옷방. 서랍 위에 정사각형 갓을 쓴 스탠드와, 승마를 좋아한 바라간이 애용하던 채찍과 은색 유리구슬이 장식되어 있습니다.

합니다. 조금 전에 예를 들었던 요셉 알버스의 그림 「정사각형 예찬」이 그 단편적인 예입니다. 또한 덧문의 틈에서 십자가가 출현하듯, 모든 방에 정사각형이 숨겨져 있습니다. 정사각형 그림, 정사각형 테이블, 정사각형 갓을 쓴 플로어 스탠드, 그리고 수납장 문의 조그만 정사각형 손잡이까지…….

그리고 또 하나는 그곳에 떠도는 노스탤지어의 향기입니다. 바라간은 어린 시절부터 청년기까지 머물렀던 농장과 목장에서의 생활을 통해 감성을 키워왔다고 합니다. 따라서 각각의 공간은 더할 나위 없이 소중한 보석과도 같은 〈추억〉에게 바쳐져 있는 것이지요.

바라간이 사랑한 두꺼운 목재로 만든 소박한 가구들(바라간은 그 가구들을 〈미구엘리토〉라고 불렀다고 하네요.)은 유년기의 추억이 바라간에게 있어 얼마나 소중한 것이었는지를 말해주고 있는 듯 보입니다.

바라간은 이런 말을 남겼습니다.

"건축가는 자신의 〈노스탤지어〉가 주는 계시에 귀를 기울여야 합니다."

옥상의 무언극

처음에 저는 먼저 〈바라간 컬러〉와 〈물을 사용한 방식〉에 대해 써볼 생각이었는데, 결국 거기까지 다다르지는 못하고 말았네요.

왜냐하면 바라간의 건축 주제인 〈색〉과 〈물〉에 대해 쓰기 위해서는 흥분의 거친 열기가 사라지기를 조금은 더 기다리며 곰곰이 생각할 시간이 필요했기 때문입니다.

이 주제에 대해서는 다시 쓰기로 하고, 마지막으로 독자 여러분들을 루이스 바라간의 집 옥상 테라스로 안내하려고 합니다.

그곳에 가기 위해서는 옷방을 통과해 등 뒤로 은밀하게 숨겨져 있는 폭이 좁은 계단을 오르게 됩니다. 그와 동시에 출입구인 노란색 유리문을 투과한 황금색 〈빛의 샤워〉를 통과하기도 해야 하구요.

그렇게 문을 밀고 밖으로 나가면 바로 목적지인 옥상 테라스가 나옵니다.

그곳은 절대적인 치수를 가진 높은 벽이 새파란 멕시코의 하늘을 L자로 자르고 있는, 단지 그것뿐인 공간이지요. 각각 서로 다른 바라간 컬러로 나뉘어 칠해진 벽이 그가 전 생애를 통해 사랑했던 〈침묵과 평온〉을 고요히 감싸고 있습니다.

제가 이 정밀한 소우주의 진정한 의미를 이해했다고는 생각하지 않

옥상 테라스. 벽이 감싸고 있는 것은 〈침묵〉과 〈평온〉인 듯합니다. 마치 무언극이 행해지는 야외무대와도 같았지요. 무언극, 이 말 외에는 아무런 단어도 떠오르질 않았습니다. 특별한 것은 아무것도 없는데도 신성한 공간처럼 느껴지는 것은 왜일까요?

옥상의 공간을 감싸고 있는 높은 벽은 로즈핑크색으로 칠해서 있습니다. 강렬한 태양빛을 받고 있는 덩굴성 식물과의 색채 대비가 선명합니다.

각각 서로 다른 바라간 컬러로 나뉘어 칠해진 옥상 테라스의 벽. 멕시코의 태양빛과, 그림자, 정적이 지배하는 이곳은, 바로 시간이 멈춰버린 장소이지요.

습니다. 그리고 그 매력을 글로 표현할 수도 없습니다.

제가 이해한 것이라고는, 감동이라는 것은 눈물과 소름 같은 생리적인 현상을 동반한다는 사실뿐입니다.

염천의 하늘 아래였지만 온몸에 수없이 많은 소름이 돋아 올랐고, 흘러내리는 것은 땀이 아닌 눈물이었습니다.

〈태양빛 아래에서 펼쳐지는 기적의 무언극!〉

루이스 바라간은 1902년 멕시코 서부 하리스코 주 과달라하라에서 목장과 농장을 경영하는 대지주의 아들로 태어났습니다. 풍부한 자연환경 속에서 아무런 부족함 없이 자란 덕분에 자연을 향한 경애의 마음과 큰 인물로서의 품격이 자라날 수 있었다고 전해집니다. 과달라하라의 자유공과대학을 졸업한 후 2년간 유럽에서 유학합니다. 감수성 예민한 시절인 청년기의 유럽 체험이 그 후 건축가로서의 작업에 대단히 큰 영향을 미쳤던 것으로 보입니다. 이 시기 그가 주로 머무르던 곳은 프랑스와 스페인이었으나 모로코 등 각 국에 그의 건축 행적에 대한 발자취가 남아 있습니다. 유럽 유학의 최대 수확은 시인이자 음악가이며 랜드스케이프 건축가라는 세 가지 얼굴을 가진 페르디난드 바크와 파리에서 만난 일입니다. 후에 랜드스케이프 건축가로서도 독자적인 세계를 개척한 바라간은 이 시기부터 이미 정원에 대해 범상치 않은 관심을 기울이고 있었습니다. 유럽에서 귀국하자마자 고향에서 건축일을 시작한 바라간은 하리스코 주에 15채의 주택을 완성합니다. 바라간에게 있어 커다란 전기가 되었던 해는 1936년입니다. 코에서는 그 해 멕시코에서는 대대적인 농지개혁이 실시되어 바라간 집안과 같은 대규모 지주의 영지는 나라에 전부 몰수당했지요. 이 사건을 계기로 바라간은 〈빵을 위해〉 일하게 됩니다. 바라간의 작업은 보통 크게 3기로 나누어지는데, 타쿠바야에 있는 〈루이스 바라간의 집〉은 그 중 후기에 해당하는 1947년에 착수하게 된 건물입니다. 바라간은 자신의 집을 일종의 실험주택으로 생각한 모양인지 끊임없는 보수와 개축공사를 반복했습니다. 이 집은 현재 멕시코의 문화재로 지정되어 있어 사진에 신청을 해야 견학이 가능합니다. 실내는 바라간이 사랑한 〈정적과 색채, 평온〉에 지배되고 있어 바라간의 숨결과 배려를 지금도 느낄 수 있습니다. 바라간은 1988년 86세의 나이로 타계했습니다.

저는 이 정적의 공간에서 루이스 바라간이라는 이름의 덩치 큰 남자가 단정한 걸음으로 걸어 들어와 서서히 걸어 나가는 백일몽을 꾸고 있었습니다.

옴니버스 영화

이 책의 전편 격이기도 한 『집을, 순례하다』에서는, 독자 여러분과 함께 주택의 안팎을 걸어 다니며 제가 그 집의 거주자가 된 기분으로 집의 거주성에 대해 생각한다거나 사용하기 편리한 정도와 기능성에 대해 검토하는 것을 일종의 문법으로 정착시켜 진행했습니다.

그러나 이번 루이스 바라간의 집에서는 그렇게 하지 않았습니다. 그 이유에 대해서는 루이스 바라간의 집은 〈돌아다니는 곳〉이 아닌, 〈고요히 머무는 곳〉으로 설계되어 있다고 느꼈기 때문이라는 사실을 앞서 밝혀두었습니다.

그러나 다시 한 번 되돌아 생각해보니 그런 이유만이 아니라 다음과 같은 사정이 있다는 데 생각이 미치게 되었습니다.

지금까지 제가 방문해서 둘러본 모든 주택들은 사전에 이미 그 집의 평면적인 구성 요소가 제 머릿속에 확실히 각인되어 있었습니다. 아니, 그보다는 이렇게 말하는 편이 더 낫겠네요. 그 평면 구성을 반복해서 바라보는 동안 어느새 제 머릿속에 각인되어버린 평면과 단면 계획이 실제의 건물이 되었을 때 어떻게 실현되는지, 평면에서 상상한 공간과 어떻게 다른지, 또는 어떻게 다르지 않은지, 그것을 제 눈으로 확인해

보고 싶어 일부러 현지까지 발을 옮긴다고 말이지요.

그러나 이전에 몇 번이나 도면을 보았음에도 불구하고 루이스 바라간의 집의 공간 구성에 대해서는 거의 하나도 외우지 못한 채 그곳을 방문했다는 사실을, 그곳에 서 보고서야 그제야 비로소 알아차렸습니다.

작품집을 보고 있을 때도 막연히 느꼈었지요. 이 집에는 평면을 기억하지 않아도 좋다고 생각하게 만드는 무언가가 있다고 말입니다. 루이스 바라간의 집은 그 집이 대저택이라는 사실도 그렇고, 평면 계획이 명쾌한 정합성을 띤 채 구성되어 있다고 보기 힘든 면도 있어 기억하기 어려운 점이 있다고 봅니다. 그러나 가장 큰 이유는, 이 집에는 〈한 지붕 아래에서의 생활〉이라는 분위기가 희박하기 때문입니다. 집 안에 공간과 의식이 부드럽게 흐른다는 느낌도 없고, 하나의 문을 여는 것으로 분위기와 양상이 전혀 다른 공간이 기다리고 있다는 것이 이 집에 대한 저의 강한 인상입니다. 각각의 공간이 지닌 압도적인 독립성과 완결성이 그 인상을 보다 강렬하게 만들어주는 탓인지도 모르겠습니다.

이 집을 영화에 비유하자면, 하나의 이야기로 관통된 장편영화라기보다는 짧은 이야기로 엮어진 〈옴니버스 영화〉라고 할 수 있을 것 같습니다. 그리고 저는 이러한 독립성과 완결성에 대해 〈예배당〉이라는 단어를 사용해 서술했구요.

〈한 지붕 아래에서의 생활〉에 대해서 조금 더 설명할 필요가 있겠습니다. 저는 주택 본연의 모습을 〈원룸〉이라고 생각합니다. 바꿔 말하면, 〈주택의 원형은 원룸이다.〉라는 말이 되지요. 그러나 한두 명의 가족을 위한 주택이나 별장 같은 것이라면 모르겠지만, 가족이 늘어나 주택이라는 용기에 다종다양한 기능과 용도를 포함시켜야 된다면 현실적으로 원룸은 어렵겠지요. 당연히 여러 개의 방이 필요해집니다. 그러나 저는 이런 사정으로 집이 커진다고 하더라도, 주택에서 한 지붕 아래에서의 생활이라는 느낌을 잃고 싶지는 않습니다. 그러기 위해서는 공기가 공간과 공간 사이를 느긋하게 오가고 서로의 공간이 막힘없이 유동적으로 연결되어 있기를 바랍니다. 그리고 심지어는 주택의 공간 구성의 좋고 나쁨을 공간과 공간의 유동적인 연결 상태가 결정짓는다고까지 생각했습니다.

바로 조금 전까지, 적어도 루이스 바라간의 집 내부를 걸어보기 전까지는 말이지요.

루이스 바라간의 집은 각각의 공간이 유동적으로 연결되어 있다고는 볼 수 없습니다. 오히려 공간의 흐름이 〈단절〉되어 있는 것이 이 집의 가장 큰 특징이 아닐까 생각될 정도지요.

바라간의 건축 의뢰인 중 한 명인 프란시스코 기라르디 씨의 말에 따르면, 바라간은 언제나 "건축에 있어 가장 중요한 것은 〈공간〉이지, 공간 구성인 것은 아닙니다."라는 말을 했다고 합니다. 그러므로 그는 공간 구성이라는 것을 그다지 중요시하지 않았다고 느껴집니다.

루이스 바라간의 집은 이처럼 〈전체〉라는 느낌도 없고, 〈한 지붕 아래에서의 생활〉도 느낄 수 없습니다. 그런데 말이죠, 방을 둘러보는 제 귓가에 "그런 것만으로 이 집을 평가해서는 안 되죠."라는 속삭임이 들려오기 시작했습니다.

이 집이 비할 데 없이 뛰어난 〈주택의 명작〉이라는 사실이 확실한 감촉으로 느껴지기 시작한 것이죠. 제게는 그야말로 뜻밖의 발견이었습니다.

A 들보 바닥 (조이스트 슬라브)

거실에서 서재까지의 높은 천장은 작은 들보가 촘촘한 간격으로 걸쳐져 있는 조이스트 슬라브로 되어 있습니다. 투명한 황갈색이 변색되어 윤기가 나는 들보는 감탄이 나올 정도로 아름답습니다. 제가 본 것 중 가장 아름다운 천장 중 하나입니다.

B 바라간의 취미

BANG & OLUFSEN

바라간은 상당한 음악 팬이었다고 하네요. 모든 방에 오디오 세트가 놓여 있습니다.
침실은 그 중 최고로, 안락의자 곁에 당시 최신이었던 B&O(세계적인 오디오 브랜드)가 놓여 있었습니다.

C 작은 거실

침실 옆의 공간. 특별한 것은 아무것도 하지 않았는데 특별한 공간이 되는 것은 왜일까요?

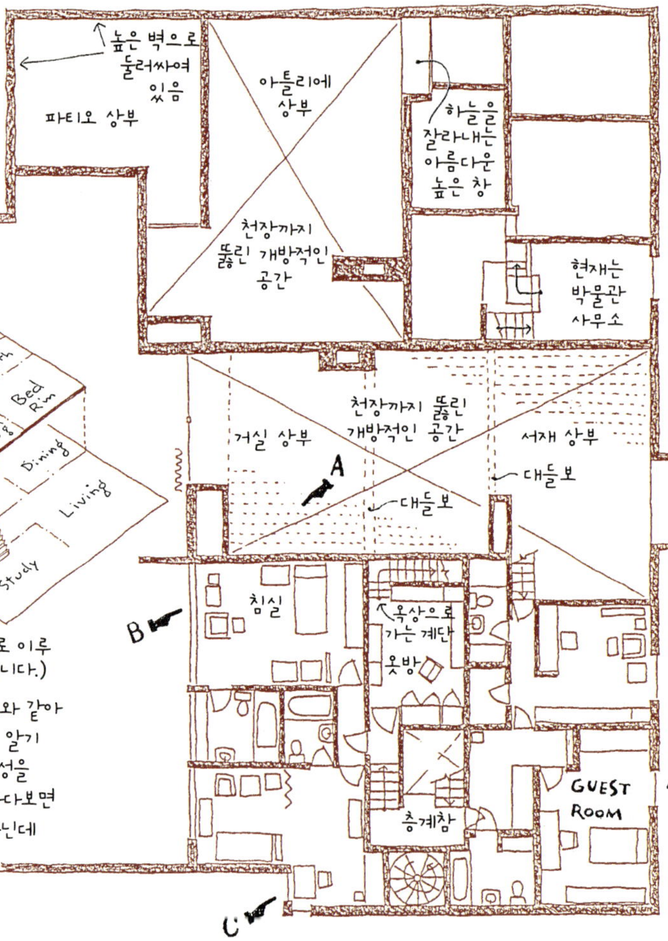

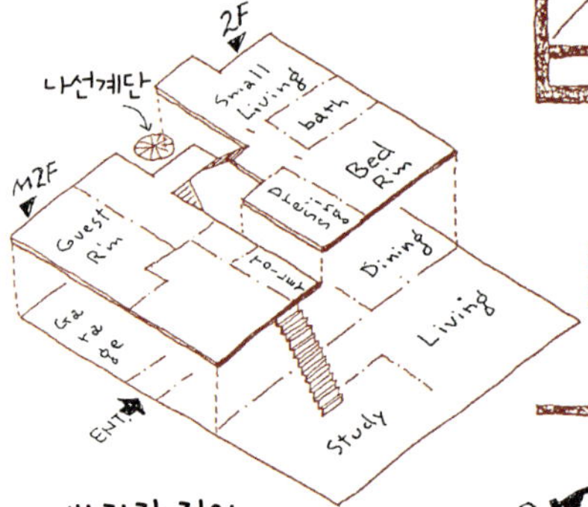

바라간 집의 공간 구성 (3단계로 이루어졌습니다.)

주택 내부는 마치 미로와 같아 제가 있는 곳의 위치를 알기 어려웠습니다. 공간 구성을 주의 깊게 해석해 나가다보면 그리 복잡한 구성도 아닌데 말이지요.

- 높은 벽으로 둘러싸여 있음
- 파티오 상부
- 아틀리에 상부
- 하늘을 잘라내는 아름다운 높은 창
- 천장까지 뚫린 개방적인 공간
- 현재는 박물관 사무소
- 거실 상부
- 천장까지 뚫린 개방적인 공간
- 서재 상부
- 대들보
- A
- 침실
- B
- 옥상으로 가는 계단
- 옷방
- 층계참
- GUEST ROOM
- C
- 십자가 형태의 창
- 덧문
- 덧문을 열면 이렇게 되지요.

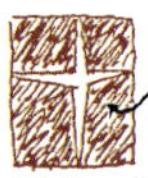

2F — 나선계단, Small Living, bath, Bed Rm, atelier
M2F — Guest Rm, terrace, Dining, Living, Study, ENT

2층 평면도

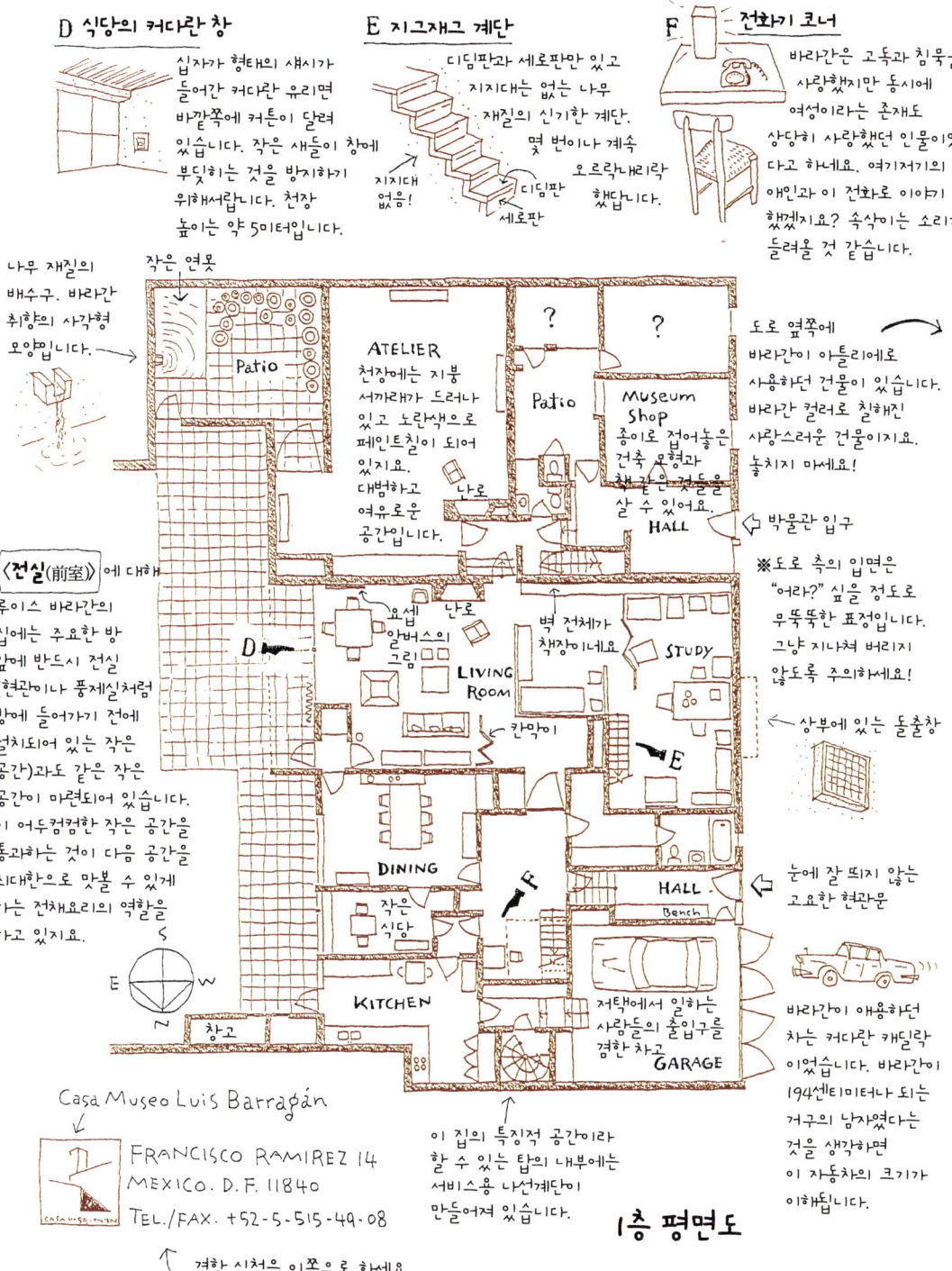

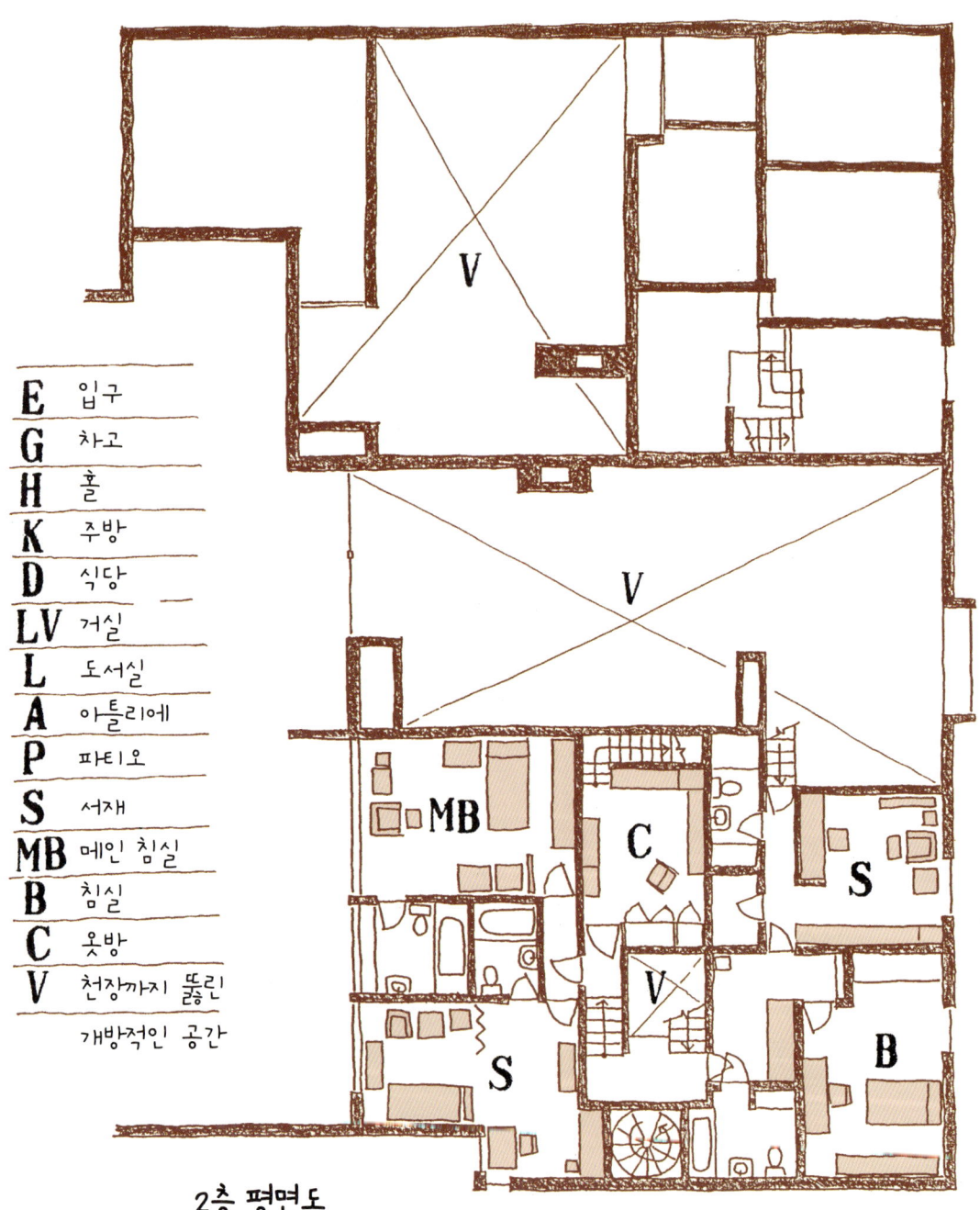

2층 평면도

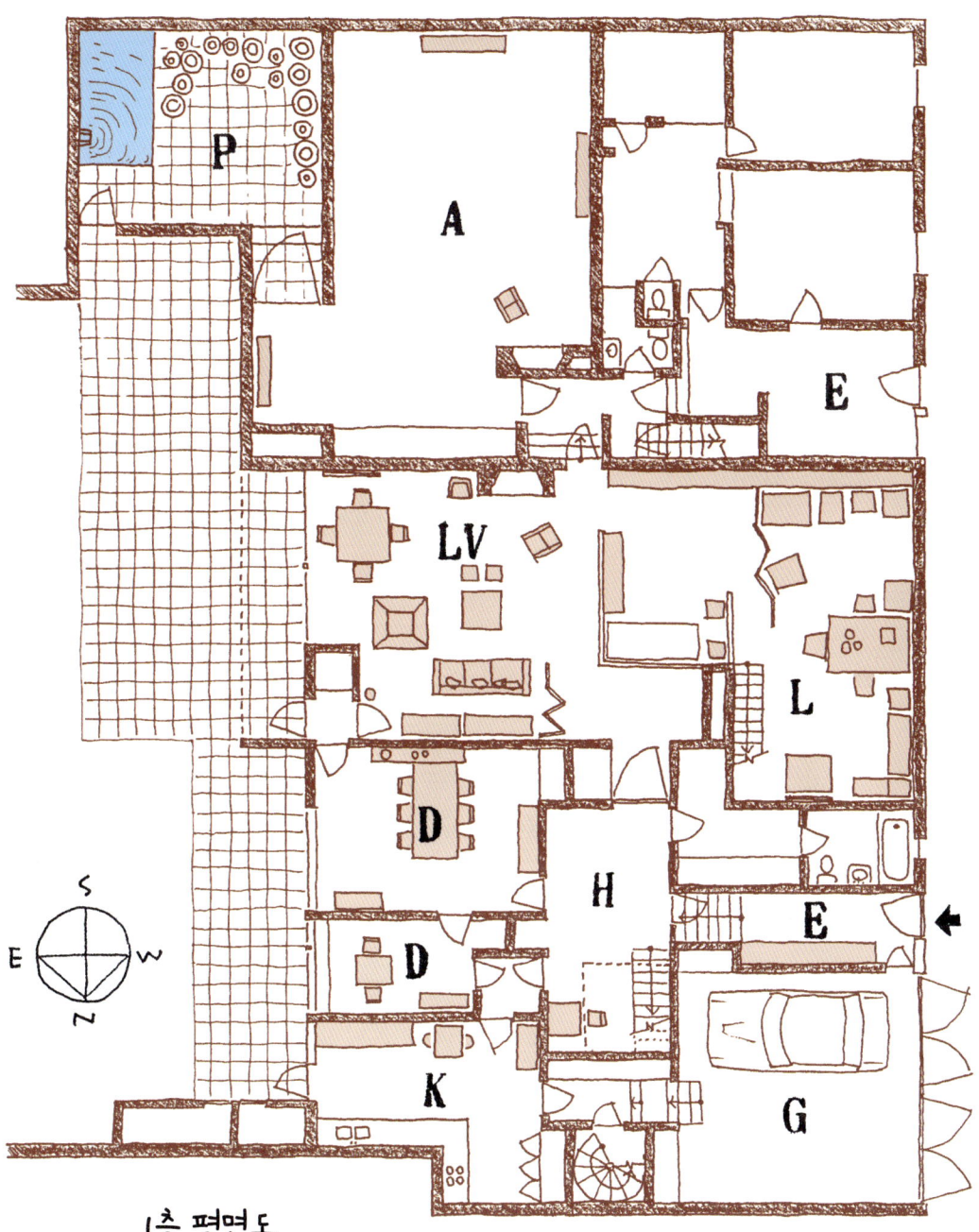

155 루이스 바라간의 집

집은······,
고독한 내 마음이 살 수 있는 곳

그런데 이쯤 되니 "나에게 〈주택의 명작〉이란 도대체 무엇일까?"라는 소박한 의문이 고개를 들더군요. 그 동안 저는 근대건축의 명작이라 불리는 주택들을 방문해 왔습니다. 그리고 그 명작주택이라는 큰 접시에는 근대건축의 선구자라 불리는 뛰어난 건축가들이 펼친 구조 혹은 신공법을 향한 도전, 신소재의 채용과 그 참신한 사용법, 회화적인 공간 구성의 아름다움, 다이내믹한 공간 구성 등 다양한 창작 아이디어가 어김없이 담겨 있음을 목격했습니다.

즉, 저에게 있어 집을 순례한다는 것은 큰 접시에 가득 담긴 맛있는 음식을 음미하고 칭찬하는 여행이었던 것이지요.

그러나 〈루이스 바라간의 집〉이라는 접시에는 근대건축이 소중하게 다루는 진미다운 진미가(공간 구성이라는 주식主食조차도) 전혀 담겨 있지 않았습니다. 그럼에도 견학을 마친 후 포만감을 느낄 수 있었던 이유는 루이스 바라간의 집에는, 〈집〉이라는 것의 근원적인 모습과 집의 정수, 즉 〈집이 품어야 마땅할 정신〉이 제대로 담겨 있었기 때문입니다.

바라간이 먼저 이 집에 담았던 것은 〈평온〉과 〈침묵〉, 그리고 〈추억〉이었습니다. 그 다음으로 담은 것은 분수의 물소리와 나뭇가지 끝의 웅성거림, 그리고 사랑스러운 가구들과 선명한 색채였습니다.

그리고 이 유형무형의 것들은 동굴을 거처로 정한 고대 원시인들이 내쉬었던 안도의 깊은 한숨이나, 어머니의 자궁 속에서 느꼈을 달고 따뜻한 체온의 기억들과 심층적인 부분에서 서로 통하고 있습니다.

"인간이 자기 자신과의 대면이 가능한 때는 고독과 함께하는 때뿐입

거실풍의 서재. 구석의 작은 책상 위에 높은 창이 열려 있네요. 이런 곳에서라면 고독한 나를 맘껏 만날 수 있을 것 같아요.

니다."

 바라간이 〈고독〉에 대해 말하는 이 문장은 인간의 거처라는 곳에 필수불가결한 요소가 무엇인지, 바로 그것을 암시하고 있다는 생각도 듭니다.

 이 말을 통해, 집은 육체뿐만이 아니라 무엇보다 먼저 〈마음이 편히 살 수 있는 장소〉이어야 하며, 〈자기 자신과 곧바로 대면하는 장소〉여야만 한다는 것을 알게 되지요. 그리고 극히 당연한 이 사실이 너무나도 당연한 것이었기에 근대건축의 슬로건으로는 미처 표방되지 못했

아틀리에는 비스듬한 천장에 넓은 원룸으로 되어 있습니다. 천장에는 천창이 만들어져 있어 자연광을 풍부하게 끌어들이고 있지요. 사진 중앙에 있는 것은 공간 분할을 겸한 난로와 굴뚝입니다.

아틀리에. 서까래와 지붕널에 선명한 노란색이 칠해져 있네요. 앞쪽에 보이는 상하 2단으로 된 핑크색 문은 파티오로 나가는 출입구입니다.

아틀리에의 높은 창. 모두 통창으로 되어 있습니다.

다는 것에 생각이 미치게 되었습니다.

색을 만지는 사람

자, 그럼 이제부터는 루이스 바라간의 건축물을 방문한 모든 사람들에게 강렬한 인상을 준 〈색채〉에 대해 이야기해볼까 합니다.

바라간의 색채 이력에 대해서는 이런저런 설이 있지요. 또한 바라간이 얼마나 색채에 마음을 빼앗겼는지에 대해서는 그와 교류가 있던 많은 사람들이 전하는 에피소드를 통해서도 알 수 있습니다.

그러나 그런 예비지식 없이도 바라간의 집을 걷다보면, 그가 자신의 색채감각을 자연은 물론 그를 둘러싼 다양한 것들로부터 일상의 수련처럼 배워왔다는 것을 알게 됩니다. 요셉 알버스의 그림과 그가 좋아하던 화가 추초 레이예스의 그림이 걸려 있고, 꽃병에 아름다운 화초가 꽂혀 있고, 멕시코 민예품이 줄지어 있고, 여기다 싶은 벽면에 이거다 싶은 색이 칠해진 저택 내부. 색과 함께 생활하는 것, 그리고 누구보다도 진지하게 일념으로 색을 사랑해온 것이 그에게는 일종의 기도였다는 사실을 이 집은 분명히 말해주고 있습니다.

그 색이란 또한 〈빛〉이기도 합니다. 건물 속에 주의 깊게 끌어들인 자연광의 아름다움. 태양의 운행과 함께 끊임없이 변화하는 그 풍부한 표정을 말로 표현하기란 불가능하네요. 여기서는 그저 루이스 바라간이라는 주인을 잃은 방이 지금도 생전과 같은 빛으로 충만해 있으며, 벽과 바닥에서는 온화하게 흐르는 시간의 궤적을 볼 수 있다는 것과, 파

도서실. 디딤판과 세로판을 L자 형태로 조합한 목제계단을 올라 2층의 서재로 갑니다. 마치 종이접기 세공과도 같은 계단이지요. 앞쪽의 하얀 통에 꽂혀 있는 것은 바라간이 〈차이니즈 페이퍼〉라 부르며 사랑했던 선명한 색감의 종이입니다.

도서실 한쪽 구석에 마련되어 있는 제단 느낌의 장식. 노란색 그림은 친구인 추초 레이예스의 작품입니다. 이런 식의 장식을 실내 여기저기서 볼 수 있지요.

루이스 바라간 160

바라간의 침실. 차분한 분위기입니다. 넓직한 공간이지만 쓸데없이 장식적인 부분은 조금도 없이 심플합니다. 이 방 역시 수없이 보수되었다고 하는데요, 창의 높이까지 몇 번이나 수정해가며 지금의 모습이 되었다고 합니다.

기다란 침대, 간소한 옷장, 침대 옆의 장식 등으로 인해 제 머릿속에는 수도원의 방이 먼저 떠오릅니다.

바라간의 침실 옆에 있는 거실풍의 서재. 그는 승마의 달인이었다고 하는데, 말을 그린 커다란 그림과 조각 등이 장식되어 있습니다.

킨슨병을 앓아 마지막에는 자리에 누운 채 말조차 할 수 없었던 바라간이 침대 속에서 쇼킹 핑크색이 칠해진 종이를 조용히 손가락으로 만지곤 했다는 가슴 깊숙이 파고드는 에피소드를 소개해 두고자 합니다.

졸졸졸 떨어지는, 물

루이스 바라간의 건축에는 사람의 마음을 〈추억〉 속으로 불러들이는 이상한 마력이 있다고 생각하는 사람은 비단 저뿐일까요?

특히 〈물〉에 관계된 부분이 그러합니다. 어느 사이엔가 마음속 저 깊은 곳으로 젖어들어, 잊고 있던 옛 기억을 되살아나게 하는 것 같은 기분이 듭니다.

바라간 자신도 프리츠커상 수상 소감으로 이런 말을 했지요.

"마음 설레게 하는 분수의 감미로운 추억은 깨어 있을 때나 자고 있을 때나 항상 제 인생과 함께했습니다."

저처럼 무미건조한 사람도 루이스 바라간의 집을 방문했을 때 잠시 추억에 잠기기도 했습니다. 그곳 역시 물과 관련된 장소였지요.

루이스 바라간의 집 중 주택 부분을 일단 한 바퀴 돌아본 후 아틀리에를 통과해 그의 대표 컬러인 핑크색이 칠해진 문을 밀고 나가자 높은 벽에 둘러싸인 파티오(안뜰)가 나타났습니다. 데킬라 항아리와 빈 병들이 서로 기대어 고요히 모여 있는, 어딘가 동화 속 무대 같은 장소였지요. 이 안뜰의 한쪽 구석에 연못이 만들어져 있었고, 썩어가기 시작하는 사각형의 목제 배수구에서 졸졸졸 물이 떨어지고 있었습니다.

아틀리에 옆에 있는 작은 파티오로 가는 출입구. 사랑스러운 데킬라 항아리가 잔뜩 늘어서 있는 멕시코의 안뜰이지요.

유약 없이 구워낸 수많은 데킬라 항아리가 놓인 작은 파티오. 항아리와 병은 그 자체로도 매력적인 것들이지만 이렇게 모아두고 보니 어딘가 동화적인 분위기를 뿜어내고 있네요. 아, 이곳에서 동화책을 한 권 읽고 싶네요.

파티오 한쪽에 만들어진 연못. 작은 배수구에서 방울져 떨어지는 물소리가 이 공간의 정적을 한층 더 강조하고 있더랬습니다.

안뜰에 서서 수면에 부드럽게 퍼져가는 동심원을 눈으로 쫓아가며 단조로운 물소리에 귀를 기울이고 있는 동안, 수년 전 방문했던 루이스 칸의 〈솔크 생물학연구소〉의 건물에서 받았던 느낌과 함께 그 광장을 둘러싼 에피소드가 떠올랐습니다.

두 명의 루이스

솔크 생물학연구소는 미국 캘리포니아 주 최남부, 멕시코 국경과 가까운 라 호야에 있는 건물입니다. 이 건물은 건축가 루이스 칸의 대표작으로, 현대건축의 걸작 중 하나로 꼽히고 있지요.

강한 태양빛에 그림자를 진하게 드리우고 있는 기하학적인 형태의 건축군들은 마치 엘 그레코의 그림과도 같았고, 연구소라기보다는 루이스 칸의 건축이 언제나 그렇듯 아름다운 신전을 연상시켰습니다.

루이스 바라간의 집 옥상과 마찬가지로 솔크 생물학연구소 역시 〈무언극의 무대〉입니다. 두 개의 연구동 사이에 있는 고요한 중앙 광장에는 사람의 기색이라곤 전혀 없습니다. 그 광장 한가운데를 일직선으로 통과하고 있는 것은, 예리한 날붙이로 그어 놓은 것 같은 폭이 좁은 수로뿐입니다.

수로의 물은 작은 물소리를 내며 정면의 하늘과 바다를 향해 흘러가고, 이윽고 광장 끝에 있는 직사각형 연못으로 모여듭니다. 그리고 이 민에는 두 단으로 된 배수구에서 쏴아 하는 청량한 소리를 내며 아래쪽 테라스 한쪽에 있는 연못으로 떨어집니다.

루이스 칸이 설계한 솔크 생물학연구소의 광장. 한 줄기 수로가 광장을 가르고, 이윽고 배수구로부터 커다란 물소리를 내며 연못으로 떨어집니다. 이 아이디어는 바라간의 유년시절의 추억과 겹쳐지는 것이죠.

나무그늘이 집 밖의 거처를 의미한다는 사막기후의 이 지방에서 한 그루의 나무, 한 줌의 풀꽃도 없는 돌바닥으로 광장을 표현한다는 것은 건축가 칸에게 있어서도, 설계를 의뢰한 솔크 박사에게 있어서도 강고한 신념과 미련 없는 단념이 필요했을 것입니다. 그러나 물소리를 듣고 있는 동안, 그 선택과 판단이 절대적으로 옳았다는 생각이 드니 그것도 이상한 일이지요.

정원 같다고 느끼게 하는 모든 요소를 배제하고 오로지 수로 하나만으로 응축한 정밀한 광장은 육체보다도 정신의 휴식과 안정을 위해 만들어진 〈건축적 치유 장치〉와도 같습니다.

루이스 칸은 이 연구소의 두 건물 사이에 있는 광장을 어떻게 디자인할 것인지에 대해 오랜 시간 고민했습니다. 처음에 그는 그곳을 수목이 우거진 정원으로 해야 한다고 생각했고, 그래서 어떤 나무를 어떤 식으로 심어야 할지도 고민했습니다.

솔크 생물학연구소에 관한 루이스 칸의 단계적인 스케치를 보면 그의 이런 고민과 번뇌가 손에 잡힐 듯 그려집니다.

건물이 완성되는 단계가 되어서도 광장에 대한 방침은 정해지지 않았고 번민은 계속되었지요. 생각다 못한 그는 당시 이미 랜드스케이프 건축가로 이름을 날리고 있던 멕시코의 또 다른 루이스, 즉 루이스 바라간에게 조언을 구하게 됩니다.

편지와 함께 왕복 항공권을 받은 루이스 바라간은 즉시 솔크 생물학 연구소 공사현장으로 향했고, 루이스 칸과 솔크 박사와 함께 아직 진흙투성이였던 이 광장에 서게 되지요.

그리고 현장에 선 바라간은 한 번 주위를 둘러본 후 두 사람을 뒤돌아보며 그 자리에서 이렇게 말했습니다.

"이곳에는 한 그루의 나무도, 한 포기의 풀잎도 필요 없습니다. 여기는 정원이 되어야 할 곳이 아닙니다. 이곳은 오직 광장이 되어야 합니다."

칸은 바라간의 이 말에 놀라게 되고 그 의견에 불끈하며 그를 질투하기도 했다고 합니다. 그도 그럴 것이 자신은 2년에 걸쳐 이곳에 어떤 나무를 심으면 좋을지, 어떤 정원을 만들면 좋을지에 대해 진지하게 고민해 왔는데, 처음 이곳에 온 사람이 순식간에 무엇을 해야 할지 단번에 말해버렸으니 말입니다.

이어서 〈멕시코의 루이스〉는 〈미국의 루이스〉의 불편한 마음에는 아랑곳하지 않고 한층 더 질투에 불을 지피는 이야기를 하지요.

"여기를 광장으로 만들면, 이곳은 하늘을 향한 파사드(건물 정면)가 될 겁니다."

시적인 말로 건축을 말하면서 사람들의 존경과 칭찬을 흠뻑 받아왔던 칸은 그 말을 듣고 "이 남자는 시인이다!!"라고 생각했다 합니다.

결국 그 장소는 바라간의 조언대로 광장이 되었고, 기다란 수로와 그 앞쪽으로 만든 작은 폭포의 물소리가 그 광장의 주인공이 되었습니다.

그에게 보석은……, 추억

이 주옥같은 에피소드는 랜드스케이프 건축가로서 바라간이 지닌 비범한 재능을 암시함과 동시에, 물에 대한 그의 예사롭지 않은 집중에 대해 이야기해 주고 있습니다.

기다란 수로를 거친 끝에 배수구를 통해 기세 좋게 물이 떨어진다고 하는 발상의 원천은 그가 어린 시절을 보냈던 마사미토라 마을에 대한 기억과 일직선으로 닿아 있다고 합니다.

그 마을에는 지상 5미터 정도의 높이에 통나무를 깎아 만든 물받이가 만들어져 있었는데, 그 수로가 마을 안을 휘휘 돌아 각 집에 물을 공급하고 마지막으로 마을 광장의 연못에 남은 물이 쏟아졌다고 합니다. 광장에는 닭과 소, 말 등을 키우고 있었는데 그 한가로운 광경이 마치 동화의 세계와도 같았다고, 에밀리오 암바스와의 대담에서 바라간은 말했습니다.

어릴 적의 보석과도 같은 추억은 바라간의 마음속에 끊임없이 살아 있었고 또한 그 안에서 숙성되었습니다. 나중에 그 추억은 그에게 프리츠커상을 수여한 집합주택인 〈산 크리스토발 주거 단지〉와 〈로스 클루베스〉 정원에 있는, 수로를 설치한 긴 벽과 포물선을 그리며 세차게 떨어지는 물로 새롭게 태어나게 됩니다.

루이스 바라간의 집을 길게 둘러보았지만, 어쩐지 바라간의 집 주위를 빙글빙글 돌기만 했지 그 속으로 발을 들여놓을 수가 없었던 것 같습니다.

충분치 못한 느낌이 남은 제가 루이스 바라간의 집에서 얻은 단 하나 확실한 교훈은 다음과 같은 것입니다.

바라간의 건축을 이해하려고 해서는 안 되며, 그저 온몸과 온 마음을 기울여 자신의 눈과 귀와 피부로, 그리고 무엇보다 마음으로 느껴야 한다는 것. 즉 그곳을 향해 길을 나선 후, 말없이 그 건축 공간에 빠져보는 것밖에 없다고 말입니다.

독자 여러분, 자, 멕시코시티 행 티켓을 사러 달려갑시다!

저요? 물론 또 갈 겁니다. 아마도 내년 봄쯤에요.

바라간은 테이블 위에 조그만 것을 올려 장식하는 것을 좋아하는 사람이었습니다. 멕시코 여행에서 돌아온 저는 곧바로 루이스 바라간의 집 기념품 가게에서 산 종이로 접어 만든 두 종류의 건축 모형을 집 테이블 위에 장식하고 기분을 내보았지요.

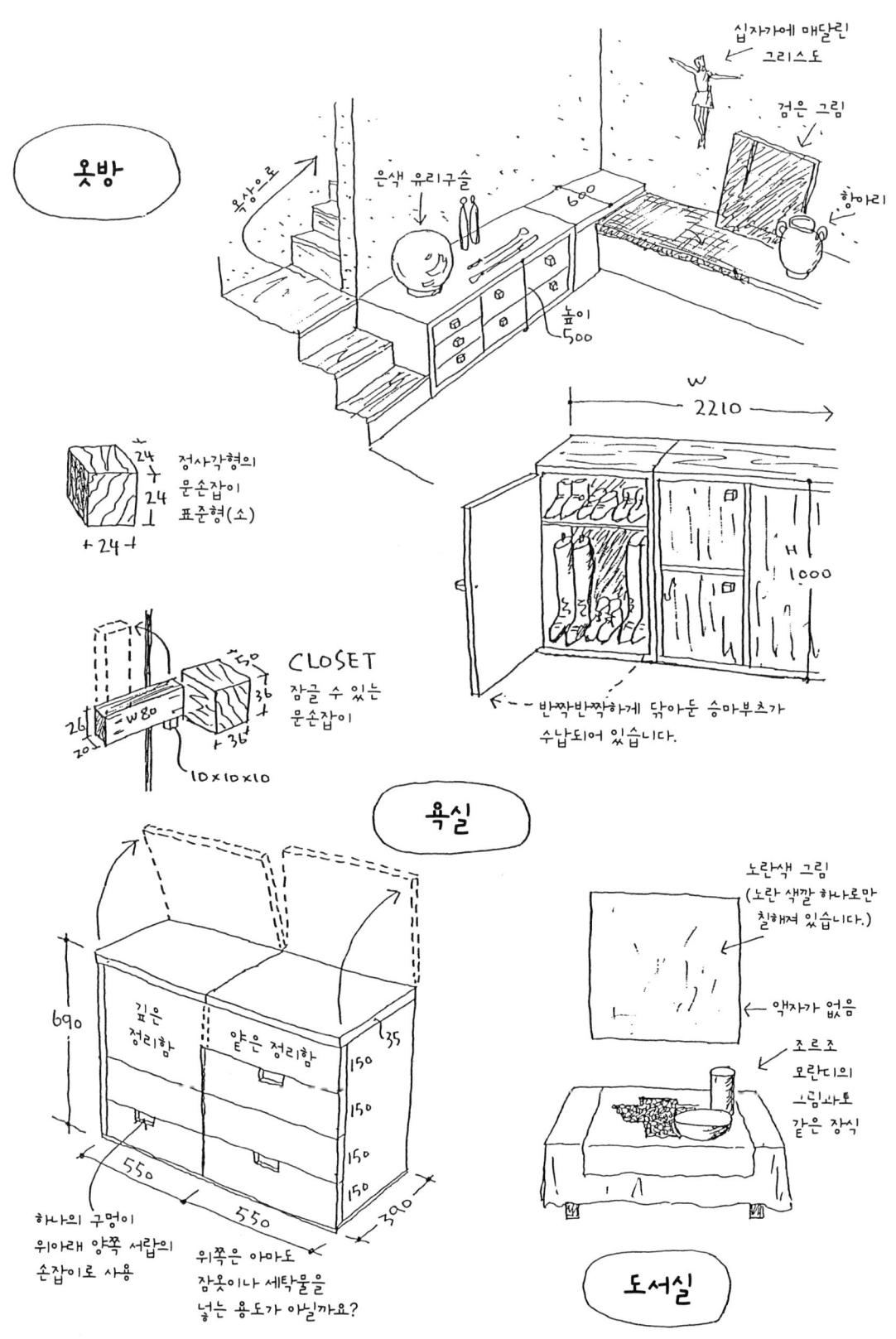

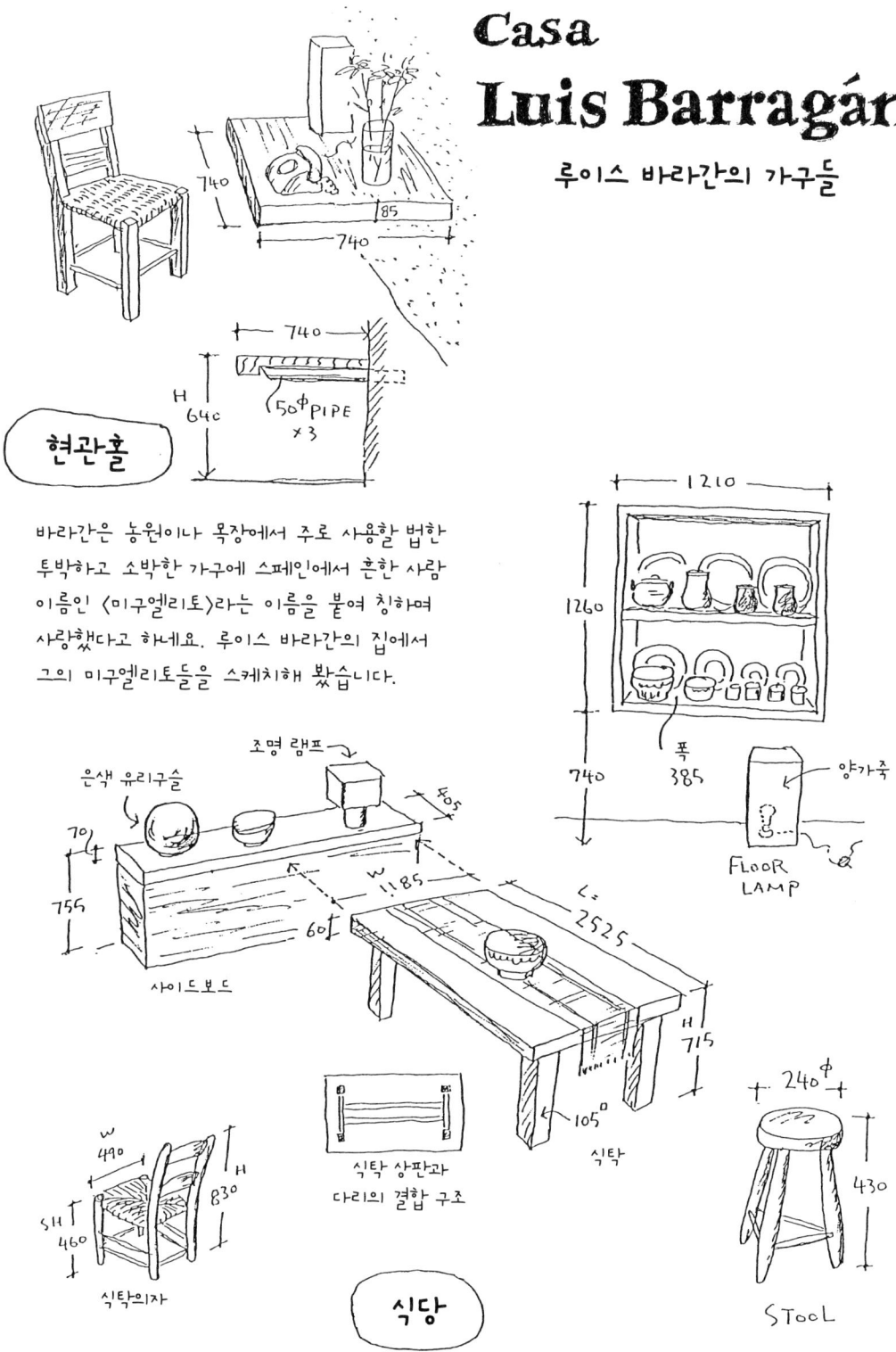

Casa Grande

안젤로 만자로티 + 브루노 모라스티
· 까사 그랑데
이탈리아 / 산 마르티노 디 카스트로차 / 1958년

안젤로 만자로티 Angelo Mangiarotti, 1921-

1921년 이탈리아 밀라노 출생. 1947년 밀라노 공과대학 건축학부를 졸업한 후 독립. 미국으로 건너가 프랭크 로이드 라이트, 발터 그로피우스, 미스 반 데어 로에 등과 친교를 맺었다. 귀국 후 발표한 프리패브 콘크리트와 유리에 의한 일명 〈빛의 성당〉이라 불리는 〈바란자테 성당〉은 새로운 건축기술을 구사한 참신한 아이디어로 높은 평가를 받았다. 1958년부터 1962년 무렵까지는 브루노 모라스티와 공동 설계로 의욕적인 건축작품을 연달아 발표했으며 그 후부터 지금까지 이탈리아 건축계의 제1선에서 활약하고 있다. 건축에서 조명기구, 가구, 테이블 웨어 디자인은 물론 조각까지도 손을 대는 다채로운 재능을 겸비한 건축가이다. 조직적인 조형미를 가진 〈건축〉과 유기적인 외형의 〈제품 디자인〉은 그의 독무대이다.

브루노 모라스티 Bruno Morassutti, 1920-2008

1920년 이탈리아 파도바 출생. 1946년 베네치아 건축대학 졸업 후 미국으로 건너가 프랭크 로이드 라이트 밑에서 근무했다. 초기 작품의 대부분을 안젤로 만자로티와 공동으로 설계했다. 〈까사 그랑데〉는 그 대표작 중 하나이며, 자신의 별장이기도 하다. 동양에는 거의 소개되어 있지 않지만 집합주택과 복합주택도 다수 설계했다.

Angelo Mangiarotti + Bruno Morassutti
Casa Grande

지나온 날들

여행이란 곧 이동의 연속이지요. 그러나 이동과 이동 사이의 시간을 추격자처럼 따라다니던 시계바늘이 돌연 멈추며 시간이 느리게 흐르는 공간에 떨어진 것 같은 공백의 시간을 맛보는 경우도 있습니다. 이렇게만 써도 무슨 말인지 짐작하시는 분이 분명 있으시죠? 맞습니다. 나라와 나라 사이의 틈과 같은 경유지, 공항. 그곳에서 모래를 씹는 듯 보내는 비행기 대기시간에 대한 것입니다.

   지난달 암스테르담 공항에서 비행기를 갈아타기 위해 다섯 시간 정도 대기시간을 가져야 했습니다. 때문에 그 주소도 없는 공백시간에 흠뻑 빠져 있다가 나온 지 사실 얼마 되지 않았습니다. 이런 시간에는 과

거와 미래 같은 것들에 대해 생각하며 보내는 것이 좋은데, 그 당시 저는 손에 들고 있는 여권을 팔랑팔랑 넘겨보고 있던 차였던지라 일부러 그렇게 하려 한 것이 아니었는데도 지난 2년 반을 자연스럽게 떠올려 보게 되었습니다. 세계의 명작주택을 방문하기 위해 여행을 계속해 왔던 시간들이었지요. 너무 가깝기는 하지만 이 역시 과거의 하나일지도 모르겠네요.

생각해보니 자주 여행을 다녔습니다.

한가함을 이용해 여권에 찍힌 출입국 도장을 참고로 계산해 보았습니다. 최근 2년 반 동안 도합 17번 해외로 나갔고 그 날수를 더해보니 187일이었습니다. 즉 6개월 이상이나 여행을 했다는 말이 되지요. 그렇지만 제가 재벌가의 상속자도 아니고 설계사무소를 겨우겨우 이끌어가는 경영자일 뿐이니 아무리 생각해봐도 저와는 어울리지 않는 도락적 취미라고 해야 할지도 모르겠습니다. 여행 일수에 대해서는 저로서도 몸이 움츠러드는 느낌이지만, 그와 동시에 충실했던 여행의 날들도 선명하게 떠오르기 시작했습니다. 방문한 각지에서 만나 도움을 받았던 많은 사람들의 얼굴이 그리움과 함께 떠오르기도 했구요.

그들에게 있어 저는 갑자기 나타나 평온한 공기를 흐트러뜨리고 사라진 〈도라 씨〉(영화 「남자는 괴로워」의 주인공으로 일본 전역을 여행하는 인물) 같은 여행자였음에 틀림없습니다. 그런 저를 자신의 친인척처럼 친근하게 대해주며 도움과 협력의 손길을 뻗어주셨던 분들 덕분으로 취재가 계속될 수 있었던 것이지요.

이번 방문지는 안젤로 만자로티와 브루노 모라스티가 함께 설계한 〈까사 그랑데〉로, 취재를 위한 코디네이터와 안내역을 맡아준 나카시타 히로시 씨는 베네치아에서 아드리아 해안을 따라 남하한 곳에 있는 페자로라는 마을에서 설계사무소를 운영하고 있는 건축가입니다.

조립식으로 지은 집

나카시타 씨는 베네치아에 있는 저를 마중하러 페자로에서 차를 몰고 와 주셨습니다. 까사 그랑데를 위한 안내와 통역, 운전이라고 하는 1인 3역을 맡아주기 위해서였지요. 그뿐만이 아니었습니다. 이번 취재의 코디네이터로서 사전에 미리 편지와 전화를 통해 설계자 중 한 사람인 만자로티 씨와 꼼꼼한 협의를 마쳐주었고 원본 도면과 스케치 등도 이미 입수해둔 상태였습니다. 완전히 그에게 의지하게 된 저는 그저 황송해져서 〈바카도노〉(코미디언 시무라 겐이 연기하는 어수룩하고 바보 같은 귀족 캐릭터)라도 된 것 같은 기분으로 자동차에 올라탔습니다.

까사 그랑데는 베네치아 북부, 오스트리아와의 국경과 가까운 산 마르티노 디 카스트로차에 있습니다. 시즌이면 등산객과 스키어들로 북적댄다는 이 마을은 베네치아에서 120킬로미터 정도 떨어져 있습니다. 그러나 시골길이기도 했고, 마지막에는 구불구불한 산길을 단번에 1,500미터 정도 올라가야 했으므로 편도로만 3시간 반 정도의 드라이브가 되고 말았습니다.

목적지인 까사 그랑데는 마을에서 약간 벗어난 곳에 있어 금방 눈에 띄었습니다. 약속시간까지 시간이 남아 주변 부지에 세워져 있는 〈쌍둥이 산장〉을 바깥에서 요모조모 살펴보고 있는 사이 건물을 안내시켜주실 바렌티나 씨가 도착했습니다. 바렌티나 씨는 모라스티 씨의 따님

현지에서 나는 돌로 쌓은 돌담과 흰 벽의 대비 그리고 흰 벽과 창의 대비가 아름다운 외관. 〈까사 그랑데〉라는 이름의 뜻(커다란 집)처럼 올려다보니 실로 위풍당당한 느낌의 건물입니다.

으로, 현재 이 집은 모라스티 가문의 별장입니다.

   부지는 경사지로, 여기저기 자라고 있는 전나무와 그 그루터기가 많이 남아 있는 것으로 보아 예전에 이 주변 일대가 전나무가 자생하던 삼림지대였음을 알 수 있었습니다.

   사실 이곳의 비스듬한 지형과 전나무는 까사 그랑데를 설계하는 데 있어 커다란 역할을 하고 있습니다. 지붕을 받치고 있는 특징적인 둥근 기둥의 재료로, 이곳에서 자라던 전나무가 통째 쓰였기 때문이지요. 접근로에서 올려다보니 건물의 절반 아랫부분은 현지에서 나는 돌을 벽처럼 쌓아 올렸고 그 위로 흰 벽의 건물이 올라서 있는 것이 보입니다.

스키장으로 유명한 이 지방은 높은 산에 둘러싸여 있습니다. 멀리 우뚝 선 오스트리아의 설산이 보이네요.

남서쪽 정원에서 바라본 건물 외관. 자동차는 앞쪽으로 들어와 베란다 밑의 차고로 들어갑니다.

한편 부지의 사면도 무리한 부분 없이 능수능란하게 건축 설계에 도입되었습니다. 도로에서 건물로 향하는 보행자용 접근로를 오르막으로 만들어 어느 샌가 2층 정도 높이까지 올라가게끔 방문자를 유인하고, 자동차는 낮은 쪽으로 돌아 들어가 아래층의 차고로 들어가게 되는 구조이지요. 또한 벽은 수직이 아니라 약간 비스듬하게 쌓여 있습니다. 그렇기 때문에 성의 돌담처럼도 보이는 까사 그랑데의 돌벽은 내려 쌓이는 많은 양의 눈으로부터 건물의 아랫부분을 보호하는 역할을 하고 있음과 동시에 그 내부에 차고와 보일러실, 창고 등을 포함하고 있습니다.

외관의 인상에 대해서는 조금 더 쓰고 넘어가겠습니다. 바로 전에 〈성의 돌담과도 같다〉고 썼는데, 이 건물의 강렬한 제1의 인상도 바로 그것입니다. 그것도 서양의 성이 아닌, 일본의 성과 비슷한 느낌이지요. 돌담과 흰 벽, 커다랗게 튀어나와 있는 지붕. 그렇습니다. 그 모습에서 제일 먼저 떠오른 것은 효고 현의 히메지 성이었습니다. 오랜 세월 풍우에 시달린 둥근 기둥이나 박공판의 정취 있는 느낌에서 어딘가 동양인의 마음을 흔드는 간소하고 고요한 아름다움이 느껴집니다. 하지만 이런 것만으로 일본의 성과 까사 그랑데를 두고 디자인상의 인과관계를 논하는 것은 불가능합니다. 돌담 위로 올라갈수록 좁아드는 사다리꼴 형태는 설계자 중 한 사람인 만자로티의 작품 중 건축, 가구의 영역을 불문하고 빈번하게 등장하는 형태로, 그의 〈디자인 언어〉라 불러도 좋은 것이기 때문이지요. 그러나 여전히 건물에서 뿜어져 나오는 동양적인 인상을 지우기란 어려웠습니다.

사다리꼴의 돌담과 흰 벽

건물 왼쪽으로 보이는 오르막길이 현관으로 들어가는 보행자용 접근로입니다.

건물에 다가서서 천천히 한 바퀴 돌며 주의 깊게 바라보던 중 보다 더 흥미로운 것을 발견할 수 있었습니다. 둥근 기둥의 사용에 대한 것으로, 멀리서는 기둥이 벽에 붙어 있는 것처럼 보였지요. 그러나 기둥은 벽과 붙어 있지 않고 아주 약간 떨어져 독립적으로 세워져 있었습

 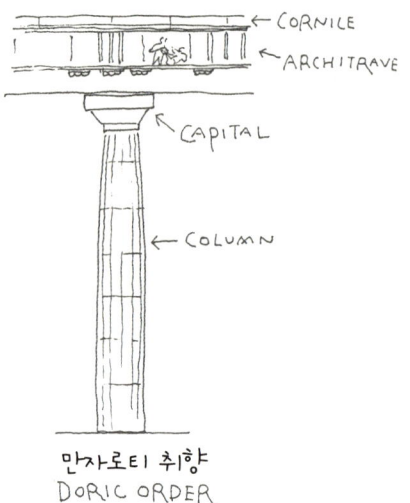

돌을 쌓은 기초 위에 세운 그 지역의 통나무 기둥과, 하얗게 도색된 패널 벽. 기둥과 기초, 기둥과 벽 사이는 띄워져 있습니다.

만자로티 취향
DORIC ORDER

니다. 돌을 쌓아 만든 기초에 세워진 기둥의 다리 부분은 금속 부품으로, 그 역시 기초의 상단에서 떨어져 바닥에서 떠 있는 상태로 붙여져 있었습니다. 게다가 그 높이가 벽의 아랫단에 오염을 막기 위해 시공한 판자의 높이와 완전히 일치하고 있어, 이러한 디테일에 보통 이상의 노력과 엄격한 기준을 적용했음을 알 수 있었지요.

얼핏 보면 석회를 칠한 것 같던 흰 벽 역시 석면 보드 패널에 도장을 입힌 것으로, 창이 없는 벽 패널과 창이 있는 패널을 조합해서 만들어 놓았습니다.

즉 이 건물은 전통적인 수법으로 만들어진 것이 아니라, 기초와 지붕, 지붕과 벽 패널이 분절화되어 있는 것으로 보아 사전에 부품화된 각 부재가 이 장소로 운반되어 들어왔고 이후에 이곳에서 조립되었다는 것을 알 수 있지요. 만자로티는 프리패브(조립식) 건축을 집요하게 탐구한 건축가입니다. 거의 처녀작이라 불러도 좋을 초기 작품인 이 산장에서도 이미 그런 테마가 확실히 드러나 있으며, 협력자와 함께 몰두했던 치밀한 탐구의 흔적 또한 읽을 수 있었습니다.

"허허, 1층이 아니었네!"

현관문을 여니 작은 풍제실(風除室, 집 밖의 냉기가 들어오지 못하도록 옥외와 옥내 사이의 현관에 문 등으로 설치하는 공간)이 나옵니다. 이곳이 해발 약 1,500미터의 한랭지라는 사실을 다시금 깨닫게 되었지요. 방문한 때가 3월의 마지막 날이었는데도 북쪽에 위치한 현관 옆에는 아직 눈덩이가 남아 있었습니다. 풍제실의 문을 다시 한 번 여니 외관에서는 예상하지 못했던 선명한 색채가 기다리고 있었습니다. 현관홀은 오른쪽에 복도식으로 연장되어 있는데, 옷에 붙은 눈을 털어내거나 스키 부츠를 신고 벗을 수 있는

현관홀에는 스키 부츠를 신고 벗을 수 있는 벤치가 마련되어 있어요. 부츠는 벤치 밑에 둡니다. 퀼팅된 새빨간 천이 덮인 곳은 코트 보관용 옷장입니다.

곳입니다. 기둥 2개 정도 길이의 옷장문 전면에는 퀼팅된 새빨간 천이 덮여 있는데, 현관에 들어서자마자 제일 먼저 시야에 들어온 것이 바로 이 옷장문의 선명한 색이었습니다. 차가운 바깥에서 돌아온 사람을 따뜻한 색과 부드러운 감촉으로 감싸주려는 건축적 배려인 것이지요. 사실 이곳에는 이렇듯 섬세한 건축적 배려가 이 외에도 참 많습니다. 창틀이 벤치처럼 되어 있어 거기 앉아 천천히 스키 부츠를 신고 벗을 수 있도록 만들어져 있는 것이 그 좋은 예입니다. 그 벤치 밑으로는 스키 부츠를 올려두는 파이프 선반이 설치되어 있기도 합니다. 올려다본 천장에서는 나무 마감재의 틈 사이로 온풍이 품어져 나오게 되어 있어 이 작은 공간을 완전히 데울 수 있도록 해두었습니다. 〈가려운 곳을 긁어주는 설계〉란 바로 이런 것을 말하는 것이겠지요?

*

현관 앞에서만 감동하지 말고 이제 실내로 들어가 볼까요.

현관에서 한 발 내딛으니 커다란 공간이 서서히 펼쳐집니다. 실내 중앙부는 바닥면이 계단 두 개만큼 밑으로 내려가 있는데, 그곳이 이 산장의 중심인 거실 공간입니다. 눈앞에 고정되어 있는 붙박이 소파의 등부분이 낮은 칸막이 역할을 해주고 있어 현관 공간과 거실 공간을 능숙하게 분할하고 있습니다. 소파 오른쪽 구석에 아래로 파내려간 거의 정사각형 모양의 공간이 있는데, 이곳이 난로를 둘러싸고 있는 이로리(방바닥의 일부를 네모나게 파내고 그곳에 불을 피우는 일본의 취사난방 장치)와도 같은 공간입니다. 그리고 그 오른쪽 구석에는 식당이 있지요. 이렇듯 공간이 대각선을 그리며 오른쪽 구석 쪽으로 흘러가도록 만들어져 있습니다. 이를 통해 정사각형 평면 속에 대각선의 움직임이 만

원통형 난로를 둘러싼 공간. 천창에서 밝은 자연광이 쏟아져 들어옵니다. 아래로 파서 만든 바닥에 자리를 잡고 앉으면 이로리 주변과도 같은 친밀함을 느낄 수 있답니다.

현관에 들어서면 실내가 이런 식으로 보입니다. 오른쪽 대각선 방향으로 공간이 연결되어 가지요. 실내의 명암 분포가 깊숙한 거리감을 한층 더 강조하고 있네요.

난로 코너에서 현관 방향을 뒤돌아봅니다. 벤치형 붙박이 소파와 가늘고 긴 센터 테이블 등 가구 디자인도 과연 훌륭하더군요.

들어지도록 계획되어진 것이지요. 약간 어두운 소파 코너, 천창에서 떨어지는 극적인 자연광에 둘러싸인 이로리 공간, 벽으로 둘러싸인 차분한 느낌의 식당. 이런 식으로 이루어진 명암의 차이와 각 공간에 부여된 서로 다른 느낌이 〈대각선의 움직임〉을 효과적으로 연출하고 있습니다.

이쯤에서 평면도를 살펴보도록 할게요. 제가 앞에서 이 집은 정사각형 평면이라고 했지만, 사실은 〈H형 평면〉이라 쓰는 편이 더 좋을지도 모르겠습니다. 까사 그랑데의 평면 구성은 베네트 지방의 고전적인 저택 평면을 바탕으로 해서 만든 것이라 합니다. 이 집은 양측에 돌로 쌓

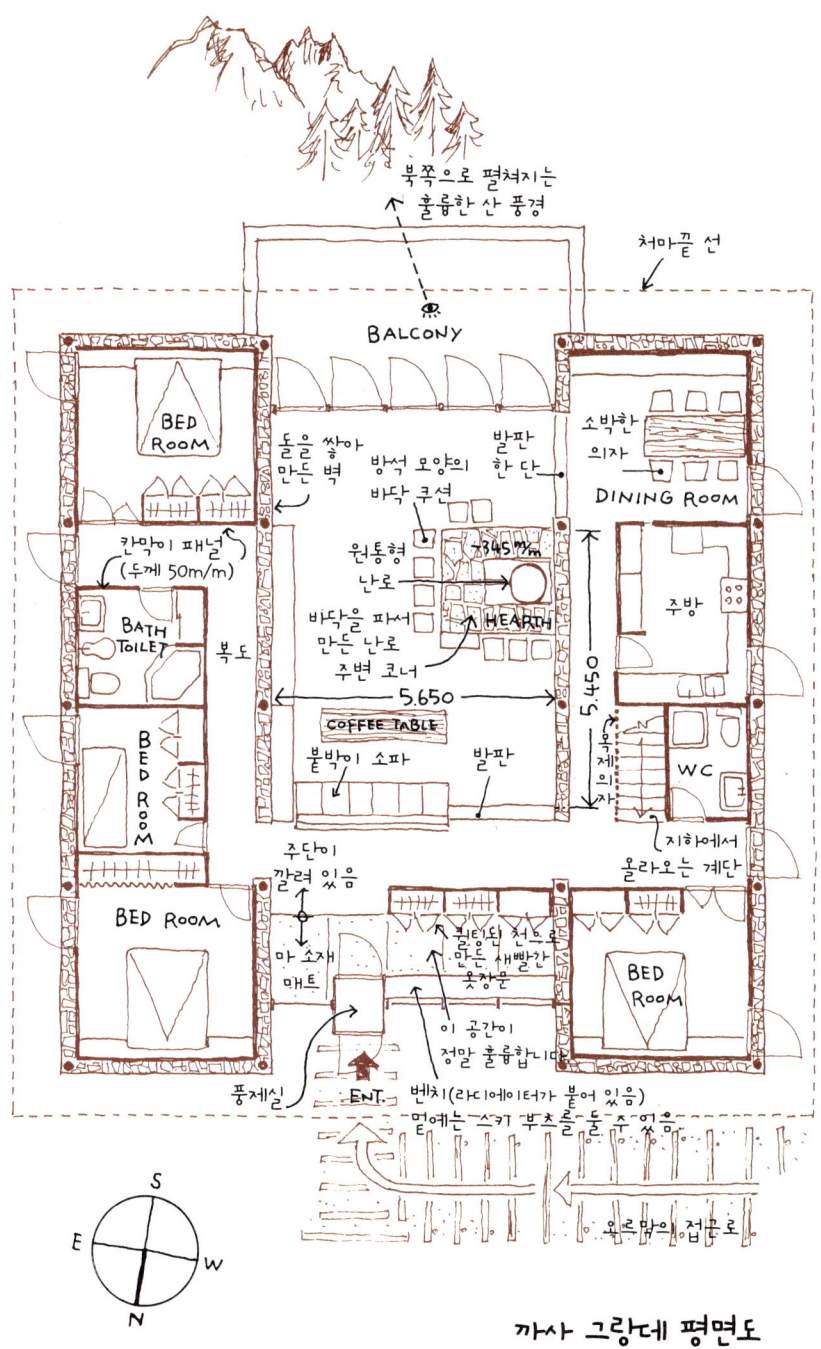

185 까사 그랑데

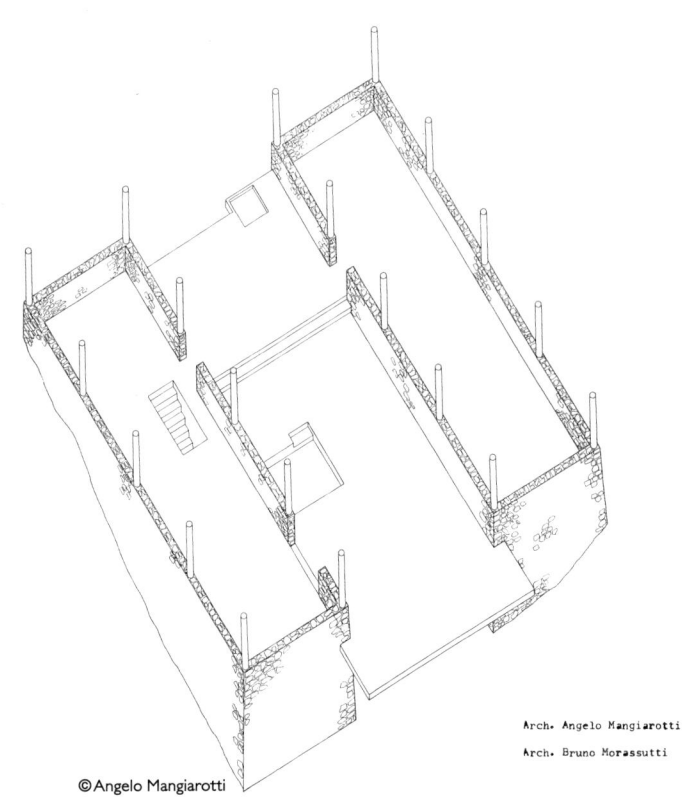

Arch. Angelo Mangiarotti
Arch. Bruno Morassutti

©Angelo Mangiarotti

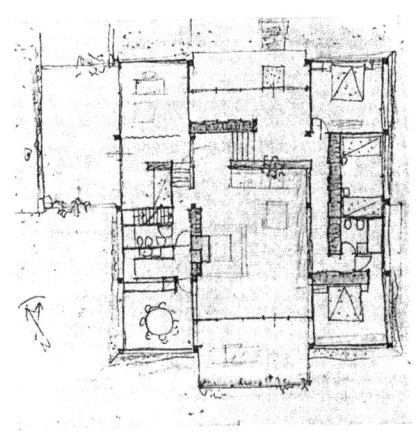

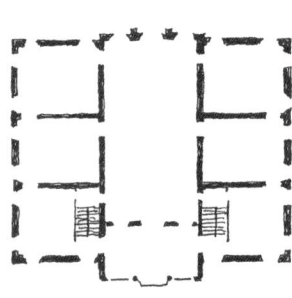

베네트 지방의 전형적인 저택 평면도

은 벽으로 둘러싸인 두 개의 날개를 가지고 있고, 그 날개 사이의 공간이 현관, 거실, 그리고 발코니로 연결되는 구조입니다. 이 구성의 입체적인 형태에 대해서는 옆 페이지에 있는 만자로티 씨가 제공해준 자료를 참조하면 일목요연하게 이해하실 수 있을 겁니다. 그 안에서 주목하기 바라는 부분은 돌담의 기초가 그대로 바닥면까지 올라와 실내의 벽이 되었다는 것과, 단의 차이를 둔 바닥의 범위입니다.

실제로 거실에 서 보니, 역시 이 공간의 중심은 바닥이 밑으로 꺼져 있는 난로 주변이라는 사실을 알게 됩니다. 아니, 알겠다는 표현보다는, 마음과 몸이 자연스럽게 그 장소에 빨려들고 끌어당겨집니다. 자연석의 바닥, 돌을 파낸 난로 바닥, 천창에서 떨어져 내리는 빛, 난로의 상징적인 원통형, 그리고 떠다니는 친밀한 공기가 강력한 자장을 발하고 있다고 쓰는 편이 적절할지도 모르겠네요.

주변이 어둠에 잠기는 저녁, 바닥에 그대로 앉아 흔들리는 난로 불빛을 바라보고 있으면 그 옛날 수혈식 주거 속에 있는 것 같은 착각에 빠질 것 같습니다. 이 장소에는 대지의 고동을 느끼며 살던 태곳적 주거의 면모가 진하게 깃들어 있으니까요.

이러한 사실을 발견하고 혼자서 빙긋이 웃다가 불현듯 이 거실이 사실 2층이며, 중요한 대지와는 전혀 접하지 않고 있다는 사실을 깨닫게 되었습니다. 그건 그렇다 쳐도, 왜 그렇게 중요한 것을 잊어버리고 있었던 것일까요? 제 자신의 우둔함에 기막혀 하면서도 착각의 원인을 생각해 보았습니다. 짐작되는 부분이 있었지요. 그것은 바로 이 건물로 접근하는 방식에 있었습니다. 까사 그랑데로 들어오기 위해서는 건물을 따라 오르막길을 올라오게 되는데, 그러면서 거실이 있는 층이 1층이라고 착각하게 된 것이지요. 어쩌면 이것이 설계자 측의 노림수

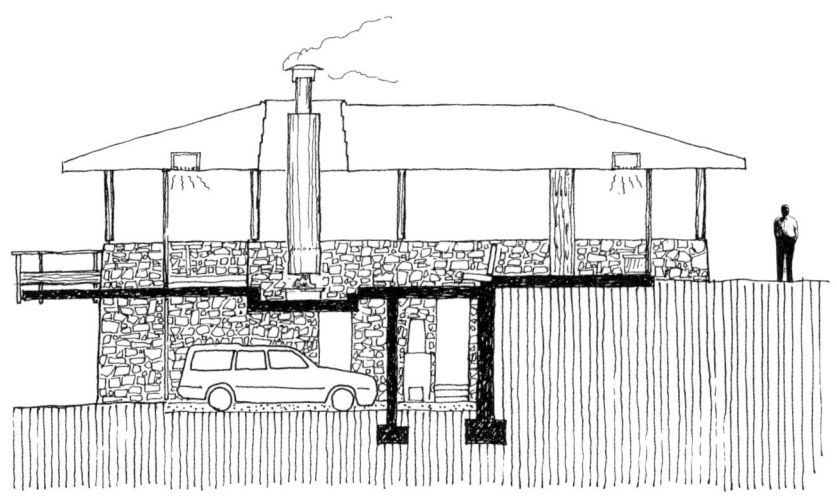

돌담의 기초가 그대로 바닥면까지 올라와 2층 거실의 벽이 되었어요. 깜빡하고 1층인 줄 알았네요.

였던 건지도 모르겠습니다. 만약 그렇다면 저는 두 건축가의 속임수에 보기 좋게 걸려들고 만 것이 되네요. 이런, 허허……!

바닥에 놓인 쿠션에 앉아 거실을 둘러보니 편안한 느낌을 주는 공간 크기에 다시 한 번 감탄하게 됩니다. 그러다 불현듯 "기분 좋은 공간의 사이즈는 대체로 산겐카쿠(三間角, 한 변의 길이가 약 5.4미터인 정사각형)라네."라고 하시던 요시무라 준조 선생의 낮은 목소리가 머리 한구석을 스쳐지나 갔지요.

"자, 그럼 어디 한 번 볼까?" 곧바로 줄자를 꺼내 길이를 재보았습니다. 그리고 놀라고 말았지요! 머릿속에서 〈딩동!〉 하는 소리가 울렸습니다.

놀랍게도, 거실 양옆의 돌담 안쪽 치수는 5미터 56센티미터였고, 바닥이 아래로 쑥 들어간 난로 코너의 테두리에서 거실로 올라가는 발판의 끝까지는 5미터 45센티미터였습니다. 산겐카쿠가 5미터 46센티미터의 정사각형이므로 거의 딱 맞는 치수였던 것이지요!

"휴, 이 의자가 있어 다행이다!"

까사 그랑데에서는 건축 부재를 부품화하는 것에 대한 가능성을 추구한 점과 조립식 건축을 심도 있게 탐구한 점 등 보람 있는 성과를 찾아볼 수 있었습니다. 동시에 토착적인 소재와 수법에 대한 깊은 애정과 경의도 느낄 수 있었구요. 실내를 조금만 주의 깊게 살펴보면 이 건물이 강고한 건축적 콘셉트로 일관되어 있고, 그 어떤 세부적인 것도 소홀히 하지 않은 엄밀한 작업에 의해 뒷받침되고 있다는 것 또한 이해할 수 있었습니다. 특히나 주택 각 부분의 수치 결정에 세심한 주의와 엄격한 판단이 내려져 있다는 것을 통감할 수 있었습니다. 교묘하게 배열된 다운라이트(천장을 움푹하게 파고 부착시킨 조명)의 위치 관계는 물론, 단열재를 집어넣은 패널 벽에 있어서도 외부에 접하는 것과 내부의 것 사이에 두께가 다르다는 것을 발견하고 놀라고 말았습니다. 게다가 아무것도 아닌 것 같지만 아랫부분의 돌벽 높이를 결정하는 데 있어 얼마나 많은 시간이 걸렸을지, 그 신중한 설계 작업에 대해 이모저모 생각해 보지 않을 수가 없었습니다. 현관 정면에 있는 붙박이 소파 등받이의 절묘한 높이에도 혀를 내두를 수밖에 없었지만, 식당에 설치된 테이블과 아래쪽 돌벽의 높이 관계를 발견하고 난 후에는 숨이 멎을 지경이었습니다.

식당의 붙박이 테이블. 창문 밑에 세워져 있는 판을
얹으면 테이블을 연장시킬 수 있는 구조라고 하네요.
벽 쪽 그릇장의 디자인도 훌륭합니다.

까사 그랑데에
이 의자가 있어
너무 좋았어요!

    그러나 그 꼼꼼하고 어긋남 없는 작업 때문인지, 아쉽게도 그 지역의 자연 소재와 전통적인 수법을 이용해 지은 따뜻하고 모던한 거실이라는 인상은 조금 희박해지고 말았습니다. 이 말로 제가 이 산장에서 받은 느낌을 이해하실 수 있으실지 모르겠습니다. 아니면 "다소 이론에 막힌 것 같은 건축이라는 인상을 받았다."라고 쓰는 것이 나을까요?
    그런 연유로, 앉는 부분을 등나무로 짜서 만든 시골풍 의자를 본 순간 어쩐지 마음이 놓였습니다. 식당 테이블과 짝을 맞춘 의자들이었지

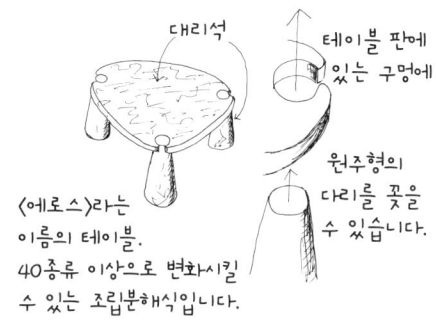

주방의 내부. L자형 벽 패널의 오른쪽은 외부와 접하고 있기 때문에 단열을 위해 두꺼운 패널을 썼습니다. 실내 패널의 두께는 겨우 50밀리미터이구요.

주 침실 내부. 모든 가구는 만자로티가 디자인한 것입니다.

요. 나 보란 듯한 디자인도, 강하게 내세울 만한 장인 기술도 없는 보통의 의자. 남프랑스를 시작으로 이탈리아, 스페인이라면 언제 어디서든 쉽게 구할 수 있는 저렴하고 별다를 것 없는 의자가 식당에 태평스런 표정으로 줄지어 있었거든요.

"휴, 이 집에 이 의자가 있어서 다행이다."

어깨의 긴장이 스르륵 빠져나가는 느낌이었습니다.

전나무에 둘러싸인 쌍둥이 산장. 나무 그늘에 가려져 있어 두 개의 맞배지붕이 사이좋게 기대고 있는 모습을 찍지 못해 아쉬웠습니다.

쌍둥이 산장

여기까지 왔으니 이웃 부지에 있는 〈쌍둥이 산장〉에 대해서도 살펴보지 않을 수 없네요. 이 글의 초반에 썼듯이, 사이좋게 바싹 붙어 지어져 있는 쌍둥이 산장 역시 만자로티와 모라스티가 공동으로 설계한 작품입니다. 까사 그랑데와 같은 시기인 1957년에 지어진 것이니까 50년

안젤로 만자로티+브루노 모라스티 192

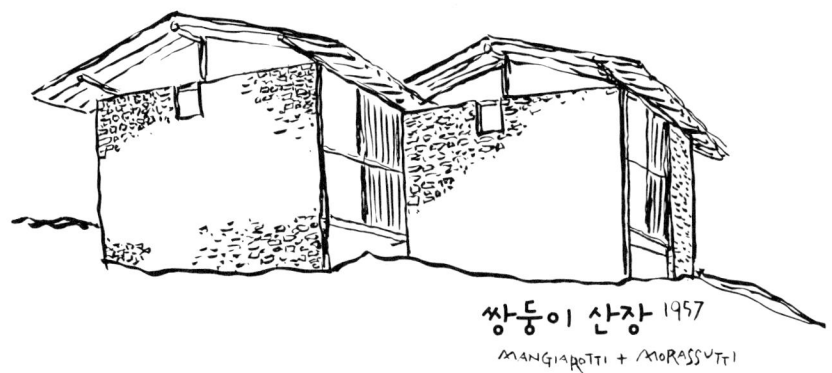

쌍둥이 산장 1957
MANGIAROTTI + MORASSUTTI

도 더 전에 만들어진 건물이지요. 아쉽게도 소유자와 연락을 취할 수가 없어 내부 견학은 단념할 수밖에 없었지만 그만큼 밖에서 시간을 들여 찬찬히 들여다보고 왔습니다.

까사 그랑데와 마찬가지로 현지에 있는 돌로 쌓은 벽과 나무판을 박아 마감한 벽, 목제 창호와 격자창, 소재 사이의 대조가 대단히 아름다워 반할 것 같은 산장이었습니다.

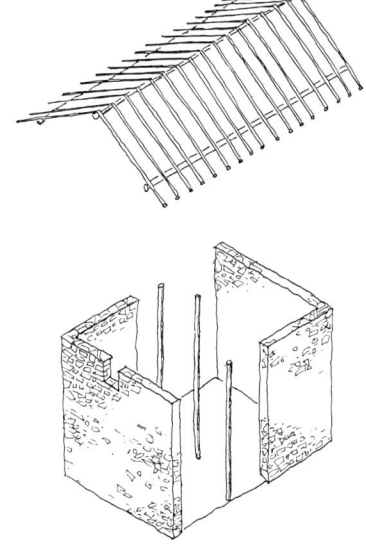

또한 쌍둥이 산장에서는 두 개의 건물을 연결하는 시스템의 훌륭한 성공 사례를 볼 수 있었습니다. 이 산장을 잡지를 통해 알게 된 대학시절, 도서관에서 평면도를 따라 그려보다가 교묘한 연결 시스템에 무심코 그만 감탄의 소리를 내고 말았었지요.

돌을 쌓아 올린 L자형 벽의 위치를 조금 옮겨 서로 마주보도록 재배

건물을 약간 어긋나게 배치하는 것으로 접근로와 현관 주변의 사생활 공간 활용도가 높아졌습니다.

현지에 있는 돌로 쌓은 벽, 목제 창호와 격자창으로 대비되는 디자인이 이 건물의 외관에 특징을 부여하고 있지요.

치하면 이것이 하나의 주택 구조 단위가 되는데, 180도 회전시키면 겹쳐지는 점대칭의 구조체 내부에 만들어진 평면 계획이 참으로 훌륭합니다. (비스듬하게 서 있는 세 개의 둥근 기둥도 놓치지 마시길!) 특히 현관을 들어서서 오른쪽에 배치되어 있는 난로가 있는 거실, 식당, 주방으로 연결되는 세 공간의 동선관계는 그 넓이의 밸런스까지 포함해 정말이지 마음속 깊이 감탄하게 됩니다.

그리고 두 동의 L자형 벽을 겹치는 것만으로도 신기하게 금세 쌍둥이 산장이 탄생하게 되는 것이지요.

두 건물이 접하는 부분. 겹쳐지는 지붕 마감을 어떻게 처리했을까 걱정했는데, 아니나 다를까 보시다시피 어려운 디테일로 마감되어 있더라구요.

현관 주변. 극히 절제되어 있는 모습에 요란스런 외관이 아니라서 마음에 듭니다.

판벽도 그렇고, 굵고 둥근 기둥도 그렇고, 격자문의 느낌도 그렇고, 어딘가 친근감을 느끼게 되네요.

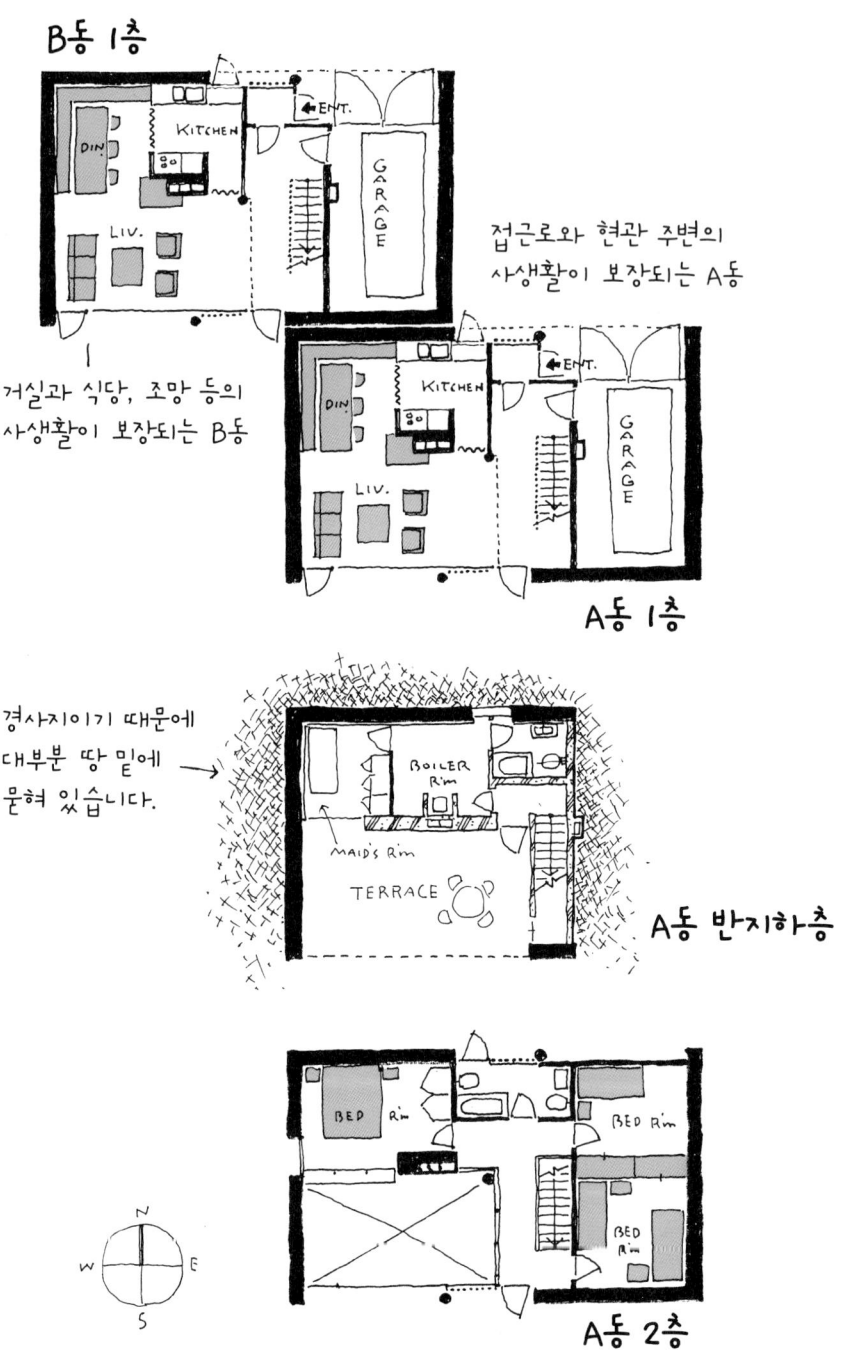

독자 여러분들도 깊은 맛이 우러나는 쌍둥이 산장의 평면도를 여유롭게 음미해 보시길 바랍니다.

마지막으로, 이 산장에 관한 중요한 현지 정보를 하나 알려드릴게요. 저는 여느 때와 마찬가지로 호기심 왕성한 강아지처럼 집 주변을 빙글빙글 돌아다녔지요. 그러다가 돌담벽 아래에 놓여 있는 개집을 발견했습니다. 너무 기쁜 나머지 멍멍 소리 내어 짖고 싶은 기분까지 들고 말았지요.

맞배지붕을 얹은 두 채의 개집이 그곳에 있었는데, 본채인 쌍둥이 산장에 대한 경의를 표하는, 제대로 된 〈쌍둥이 개집〉이었습니다. 멍멍!

쌍둥이 산장에서 쌍둥이 개집을 발견!

Hanne and Poul Kjærholm HOUSE

한네 키에르홀름 + 파울 키에르홀름
· 키에르홀름의 집
덴마크 / 코펜하겐 / 1963년

한네 키에르홀름 Hanne Kjaerholm, 1930-2009

1930년 덴마크 휴링 출생. 1948년에 덴마크 왕립예술아카데미에 입학했고, 1953년에 가구 디자이너인 파울 키에르홀름과 결혼했다. 1956년 졸업 후 대학원 진학, 아카데미에서 강사로 교편을 잡았다. 1958년에 설계사무소를 설립했고 1965년에는 왕립예술아카데미 공모전에서 금메달을 차지했다. 1989년부터 왕립예술아카데미 교수직을 맡았다. 그녀와 남편의 집인 〈키에르홀름의 집〉은 그녀가 29세 때 설계한 것으로, 지적이며 단정한 모습 속에 따뜻함이 느껴지는 집으로 1960년대 덴마크를 대표하는 주택건축이 되었다.

파울 키에르홀름 Poul Kjaerholm, 1929-1980

1929년 덴마크 코펜하겐 출생. 1952년 〈스쿨 오브 아트 & 크래프트 디자인〉을 졸업했다. 젊은 시절부터 뛰어난 재능과 날카로운 감각으로 수많은 명작가구를 탄생시켰다. 나무 소재가 주류였던 북미 가구 디자인계에서 스테인리스 스틸 등 금속을 적극적으로 사용한 샤프한 가구를 다수 남긴 것으로 높이 평가받고 있다. 1957년, 1960년 밀라노 트리엔날레 그랑프리를 시작으로 수많은 상을 수상했다. 안타깝게도 51세의 젊은 나이에 타계했다.

Hanne Kjaerholm + Poul Kjaerholm
Hanne and Poul Kjaerholm House

무대 뒤 이야기

건물의 성격상, 주택의 경우 견학이나 취재 허가를 얻기까지는 어느 정도 〈온갖 수단과 방법〉이 필요합니다.

애초에 "분명 허가가 나지 않겠지."라고 생각했던 주택도 온갖 수단과 방법 중 어느 하나가 우연찮게 능력을 발휘해 그 집의 현관문 손잡이를 당겨준 적도 있었습니다. 그렇게 해서라도 다행히 그 집 안에 들어가 볼 수 있게 되지요.

그런 까닭에 허가가 떨어질 것인가의 여부는 대부분 그때그때의 형편에 따라 되는 내토 운에 맡기는 편이고, 그 부분만 해결된다면 다음 일은 그저 그곳으로 가는 것뿐, 사전 준비는 필요 없습니다.

제가 순례를 하는 주택들은 모두 대학시절부터 제가 연모하고 동경해왔던 주택들입니다. 때문에 공간 구성이나 입면은 물론, 그 집의 특징이나 눈여겨볼 만한 부분 역시 제 뇌리에 각인되어 있지요. 게다가 사진가나 편집자가 동행하는 것도 아니고 대부분 혼자 떠나는 여행이니 제 일의 스케줄만 잘 정리하면 언제든지 가볍게 떠날 수 있습니다.

가끔 "취재 힘드시죠?"라며 걱정해 주시는 분들이 계시는데 말이 나온 김에 〈무대 뒤〉의 이야기를 살짝 해볼까 합니다. 제가 하는 취재란 사실 싱거울 정도로 간단합니다. 취재라기보다 그저 〈방문〉이라고 쓰는 편이 더 적절할지도 모르겠네요.

물론 보통의 방문보다는 주의 깊게 둘러보려 하고 관심 가는 부분은 스케치한다거나 재빨리 실측해 보기도 합니다. 하지만 그 일이라는 것도 그리 힘들게 신경을 집중하는 것이 아니라 대부분 콧노래와 함께하는 즐거운 일입니다.

사진 촬영도 마찬가지지요. 삼각대를 세워 본격적인 자세를 취해 찍기 시작하면 가구를 옮긴다거나 앵글 안에 소품을 이리저리 배치해보고 싶은 마음이 생긴다는 것(즉 프로 사진작가 같은 마음이 되는 것이죠.)을 알기 때문에 카메라는 손에 든 채, 실내는 있는 그대로, 플래시는 사용하지 않는다는 세 가지 원칙을 고수하며 스냅 사진을 찍는 요령으로 짧은 시간 안에 찍고 있습니다.

거주자가 있는 경우에도 마찬가지입니다. 질문사항을 미리 준비해서 인터뷰를 하거나 하지는 않습니다. 통역사를 데리고 가는 것도 아니기 때문에 복잡한 이야기로 들어가면 제 쪽의 어학 실력이 문제가 되기 때문에 대부분 잡담에 가까운 가벼운 이야기로 일관합니다. 또 그 이야기를 메모하지도 않습니다. 메모 같은 것을 하면 서로 새삼스럽게 격식을 차리게 되므로 허물없이 이야기하기 어렵기 때문이죠.

즉 취재하는 쪽도, 반대편 쪽도 잘하려고 긴장할 필요 없는 〈평상복〉처럼 편안한 취재입니다.

이렇게 취재를 끝내고 귀국해서도 사정은 비슷합니다. 곧바로 그 집에 대해 쓰지 못하고 대개는 그대로 반년에서 1년 정도 내버려두게 됩니다. 이렇게 되는 까닭은 귀국하자마자 본업인 설계일과 현장감리일에 쫓겨 견학의 여운에 젖는다거나 그 인상을 제대로 정리할 만한 여유가 없는 것이 보통이기 때문이지요.

그러다 편집부에서 통보받은 마감 날짜가 도망칠 수 없는 현실로 압박해 오면서 더 이상 미룰 수 없는 단계가 되어서야 머릿속의 기억과 몸에 스며들어 남아 있는 인상을 조금씩 잡아 당겨가며 감각으로 되살려 원고를 쓰기 시작합니다.

그렇게 하다보면 내버려두었던 〈공백의 시간〉이 기억의 여과장치로 활동하게 됩니다. 시간이 흘러 제게 있어 정말로 의미 있는 것만이 남겨지기 때문에(제 경우, 중요한 것은 잊어버리고 소소한 것만 기억하는 경우가 자주 있지만요.) 마음 한구석에 확실히 뿌리를 내린 내용을 단서로, 이번에는 자료 도면을 펼치고 찍어온 사진을 바라보며 거기서 받은 인상과 떠오른 것들을 문장으로 바꿔가게 되는 것이지요.

도로에서 몸을 숨긴

북유럽을 여행한 것이 작년 9월, 원고를 쓰고 있는 지금이 5월이니

〈키에르홀름의 집〉을 방문한 것이 벌써 8개월 전의 일이네요.

이렇게 쓰는 것만으로도 두꺼운 눈으로 덮인 코펜하겐의 축축한 공기가 싸늘하게 제 몸을 감싸는 것 같은 기분이 듭니다. 살며시 다가오는 길고 혹독한 겨울을 예감케 하는 공기였지요.

키에르홀름의 집을 방문한 날도 낮게 깔린 어두운 하늘에서 이따금 차가운 가랑비가 보슬보슬 내렸던 추운 날이었습니다.

처음에는 혼자 갈 예정으로 견학에 대한 허락을 부탁드렸습니다. 그런데 그 전날 왕립아카데미 도서관에서 처음 만나 대화를 나누게 된 젊은 건축가 히구치 씨가 "키에르홀름의 집이라면 오랫동안 저도 견학하고 싶던 집이었어요. 저도 꼭 동행할 수 있게 해주세요."라며 간청하는 바람에 한네 키에르홀름 씨에게 전화로 양해를 구했습니다. 그렇게 해서 갑자기 히구치 씨와 둘이서 가게 된 것이지요.

이야기가 샛길로 빠지겠지만, 이 히구치 씨라는 사람은 저와 막상막하로 중증의 건축애호가인 데다가 저와 마찬가지로 밤낮과 장소를 가리지 않고 맥주를 마시는 체질의 사람이었습니다. 그래서 초면임에도 불구하고 오랜 친구와 만난 것 같은 분위기가 되고 말았습니다. 그 후 저는 아스플룬드의 〈여름의 집〉을 견학하러 스웨덴으로 가기로 되어 있었는데, 그에게 맥주나 마시자고 청하던 김에 "스톡홀름에도 함께 가볼래요?"라고 가볍게 권했지요. 그랬더니 "네, 갈게요! 갈게요!"라며 두말 않고 찬성해 거기에도 동행하게 되었지요. 〈여름의 집〉 취재를 할 때 스톡홀름에서부터 렌터카를 운전해준 사람이 바로 히구치 씨였습니다.

각설하고, 우리 〈건축 오타쿠〉 두 사람은 주택 이야기로 뛰는 가슴을 달래며 시내에서 큰맘 먹고 택시를 잡아탔습니다. 그렇게 향한 키에르홀름의 집은 코펜하겐 시내에서 북쪽으로 약 18킬로미터 떨어진 링스테드에 있었습니다.

링스테드는 해안에 접한 아름다운 곳으로, 차분한 분위기의 주택지입니다. 주변에는 평평한 지붕을 얹은 덴마크 식의 모던하고 말쑥한 집들이 여기저기 눈에 띄었는데, 덴마크에서는 〈지붕을 평평하게 만드는 것〉이 〈모던함〉과 동의어라는 사실을 새삼 확인할 수 있었습니다.

간선도로에서 해안 쪽으로 조금 벗어난 곳에 있는 키에르홀름의 집은 도로의 막다른 곳에 있는, 이른바 깃대부지(도로의 막다른 곳에 있는 부지로, 그 모양이 깃발이 달린 깃대처럼 생겼다 하여 깃대부지라 불림.)에 있는 집입니다. 이런 부지의 가장 큰 특징은 길고 긴 접근로라 할 수 있습니다. 키에르홀름의 집 접근로에는 자갈이 깔려 있고, 오른쪽에는 낮은 돌담이 왼쪽에는 흰색으로 칠해진 약 2미터 높이의 벽돌담이 있습니다. 자갈을 저벅저벅 밟으며 건물에 다가가는 그 느낌 때문에 불현듯 저는 〈참배길〉이라는 단어가 떠올랐습니다. 흰 벽과 자갈, 그리고

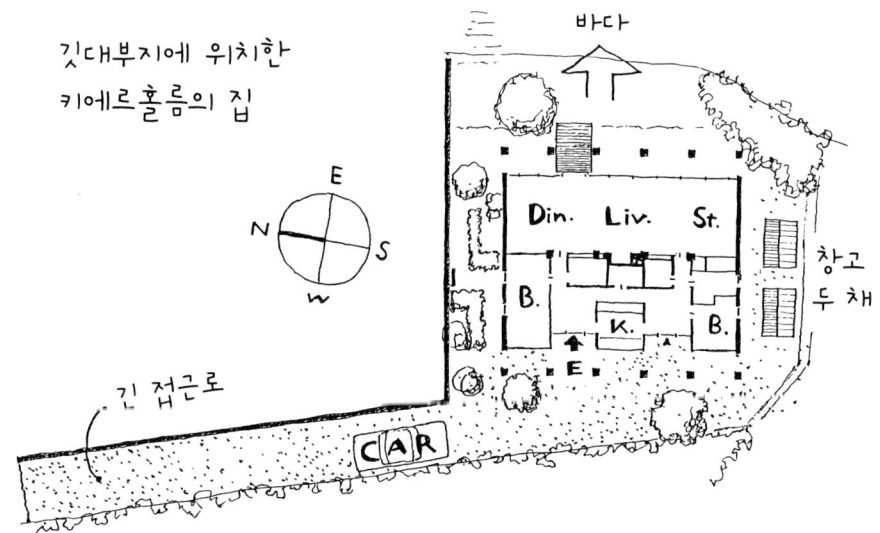

키에르홀름의 집으로 향하는 길고 긴 접근로. 흰색 페인트를 칠한 벽돌담과 낮은 돌담 사이의 오솔길에는 운치 있는 자갈이 깔려 있습니다.

장식을 완전히 배제한 청초한 접근로는 동양 전통신앙의 건축 공간과 통하는 분위기를 지닌 듯 느껴졌지요.

  긴 접근로의 막다른 곳 왼편으로, 지면에 납작 달라붙은 것 같은 평평한 지붕의 건물이 조용히 저희를 기다리고 있었습니다. 마치 도로에서 몸을 숨긴 것 같은 배치였지요. 하얗게 칠한 네모난 벽돌 기둥에 집성목의 들보를 얹어 만든 이 건물에도 장식적인 요소는 일절 찾아볼 수 없었습니다. 그런데 이상하게도 그 금욕적인 모습에 차가움이나 엄격함이 아닌, 어딘가 사람의 온기가 통하고 있는 듯한 따스함과 온후함이 느껴졌습니다.

하얗게 늘어선 기둥뿐인 간소한 현관 앞. 그러나 사람을 내치는 차가움은 없고, 인상은 어디까지나 따뜻합니다.

특징적인 플랫 루프. 흰 페인트가 칠해진 네모난 벽돌 기둥에 얹은 십성목 늘보가 플랫 루프를 받치고 있습니다. 바닷바람에 의한 녹 문제를 고려해 지붕은 동판으로 되어 있습니다.

바다 쪽으로 튀어나온 선창에서 바라보는 키에르홀름의 집. 주변의 다른 집들보다 조금 더 낮게 느껴지네요.

한네 아주머니

그 〈따스함〉과 〈온후함〉의 정체는, 현관문을 열어 우리를 맞아주신 한네 씨와 인사를 나누는 동안 얼음이 녹듯 자연스럽게 이해될 수 있었습니다. 그것은 이 집의 설계자이자 36년간 이 집에서 살고 있는 한네 씨의 인품과 체온, 바로 그것이었지요. 병석에서 일어난 직후라고 하니 그 때문도 있겠지만, 한네 씨의 목소리는 귓속말처럼 나지막했고 동작도 조용했습니다.

이전에 한네 씨를 도쿄에서 만난 적이 있었는데 그때 강하게 받았던 인상이 새삼 떠올랐습니다. 그것은 그녀를 부드럽게 감싸고 있는 온화한 공기의 베일이었습니다.

20대에 덴마크 모더니즘을 대표하는 자신의 집을 설계한 그녀이니 분명 대단한 재원이었을 겁니다. 그러나 실제로 만나본 한네 씨는 주위를 압도할 만한 재기나 날카롭게 정제된 감각이 느껴지는 사람은 아니었습니다. 사람을 대하는 겸손한 태도와 온화한 표정을 지닌 중년의 여인이었지요. 말하자면 소박하고 입이 무거운 〈보통 아주머니〉(한네 씨, 죄송해요. 이 말은 경애의 마음을 담은 찬사입니다!)로, 조금도 기세등등한 여류건축가인 체하지 않았습니다. 그리고 그녀의 인품에서 받은 이러한 인상 때문에 지나치게 아름답게 정제된 듯 보일 수도 있는 이 집이 온화한 친밀감과 부드러움을 간직하고 있는 듯 느껴졌지요.

작품의 인상은 작가의 인품을 대변한다고 하는데 이 집의 어디에 그것이 드러나 있을까요? 건축을 은밀히 살펴보는 즐거움은 사실 이런 부분에도 있답니다.

건축과 생활이 서로 침투하여

이 집은 단순명쾌한 구조 시스템과 그 시스템이 교묘하게 겹쳐진 〈좌우대칭〉의 평면 구성을 하고 있습니다. 평면도를 유심히 살펴보면서 구성 요소를 이해해두면 기억만으로도 그 평면도를 그릴 수 있을 정도입니다. 바로 논리적인 정합성 덕분이지요.

해안 단구 위에 아름다운 〈장식물〉처럼 건물이 지어져 있습니다. 풀숲을 헤치고 계단을 내려가면 조용한 해변이 나오지요. 여섯 개의 벽돌 기둥은 건물로부터 일정한 공간을 띄운 채 거리를 두고 있네요.

"좋은 설계의 조건은 그것을 떠올려 그림으로 그릴 수 있어야 한다." 는 것이 저의 지론이며 입버릇처럼 하는 말인데, 이 집이 바로 그 대표격인 셈입니다.

접근로 도로 쪽(서쪽)과 해안 쪽(동쪽), 그리고 실내 중앙부에 벽돌 기둥을 각각 여섯 개씩 나란히 배치한 다음, 소나무 집성목 들보를 가로질러 평평한 지붕(플랫 루프)으로 덮습니다. 동쪽 절반은 거실, 식당, 서재 등 공용 공간으로 하고, 서쪽 절반은 침실, 욕실, 세면장, 부엌 공

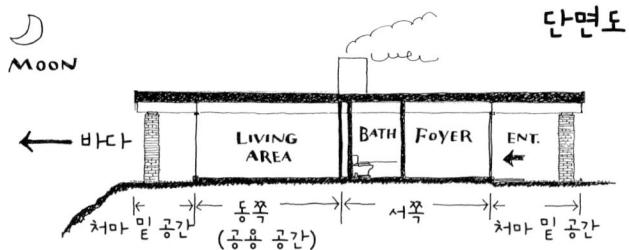

간으로 배분합니다. 각각의 방은 여섯 개의 기둥과 들보로 인해 분할된 다섯 개의 공간에 들어앉게 되지요. 공간 배치는 엄밀한 좌우대칭을 이루고 있으나 욕실 주변에서 그 원칙을 의식적으로 깨뜨리면서 획일적이고 딱딱한 인상을 일부 씻게 됩니다. 또한 동서의 벽돌 기둥은 건물에서 일정 거리를 떨어뜨려 배치하고, 줄지어 늘어선 기둥 밑으로는 기분 좋은 처마 밑 공간을 만들어 냈습니다.

문장으로 표현하자면 대체로 이런 식이지만 실제로 집 안에 발을 들여놓게 되면 그 구조 시스템과 좌우대칭의 평면 구성 등, 이 집의 건축적 테마라 할 수 있는 것들이 그렇게까지 강하게 인식되지는 않습니다. 즉 흔히 볼 수 있는 실험주택들이 건축적인 테마나 건축가의 제안만을 큰 소리로 주장한 나머지 주택에서의 일상생활은 고개를 숙인 채 움츠리고 있는 것과는 다르더군요. 오히려 이 집은 잘 고안된 하나의 〈용기〉처럼 만들어져 있으며, 그 안에 있는 가구나 살림살이, 방 여기저기에 한자리씩 차지하고 있는 장식품들, 그리고 벽 한 면을 가득 채우고 있는 놀라운 양의 책들이 건축과 멋드러지게 조화를 이루며 생활의 즐거움과 풍족한 느낌을 자아내고 있습니다.

그곳에는 〈건축〉과 〈생활〉 사이에 거리감이 전혀 없었습니다. 서로

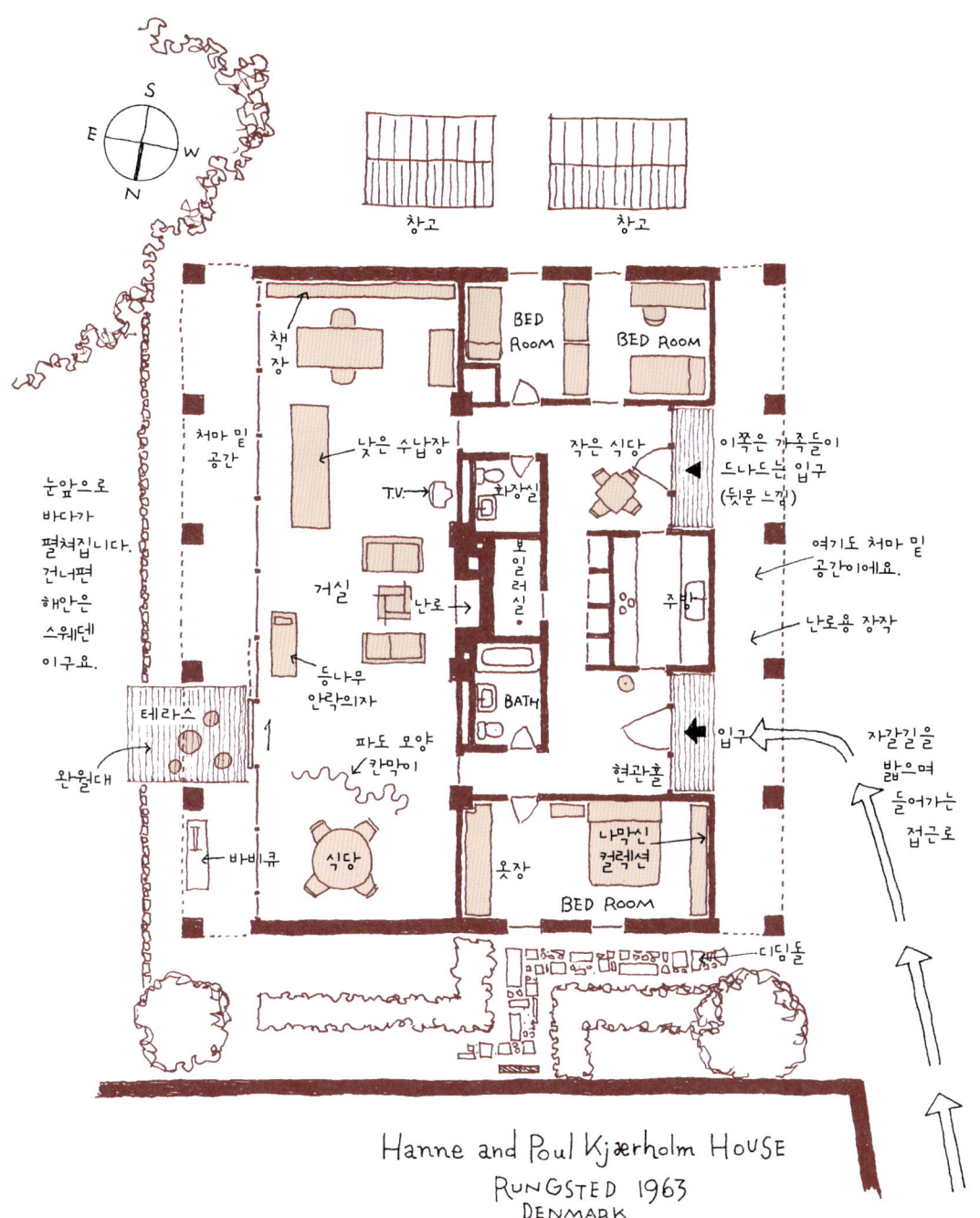

Hanne and Poul Kjærholm HOUSE
RUNGSTED 1963
DENMARK

바다 쪽을 향한 동쪽의 공용 공간. 널찍한 원룸 공간에 가구를 배치하는 것으로 장소의 성격을 부여한 디자인입니다. 유니버셜 스페이스(미스 반 데어 로에가 제창한 모더니즘 건축 이념으로, 내부 공간을 한정하지 않도록 벽과 기둥을 최소한으로 사용)가 덴마크 풍으로 실현되니 이렇게나 따뜻한 공간이 만들어지네요.

거실 한쪽에 있는 벽난로. 흰색 벽돌 벽에 심플한 직사각형의 벽난로가 설치되어 있습니다. 겨우 9월이었는데도 장작불에 손을 녹이고 싶을 만큼 추운 날씨였지요.

방문객을 맞아들이는 현관 포치의 한 코너. 이곳에서 흰색 벽돌의 차가운 느낌이 투명한 황갈색의 따뜻한 느낌으로 변하게 되지요. 따뜻한 실내 분위기가 암시되어 있는 것 같지 않나요?

침투하여 한 몸이 되었고, 그리하여 땅에 발을 붙인 하나의 〈아름다운 거주지〉로 승화된 듯 보였지요.

"월출이라……, 그렇군요."

실내로 들어서자마자 여기저기 두리번거리는 침착치 못한 방문객을 진정시키려는 듯, 한네 씨는 저희를 해안 쪽을 향해 튀어나온 툇마루 느낌의 테라스로 공손히 이끌어주셨습니다. 어쩌면 밖에서 잠시 머리를 식히라는 의미도 있었겠지요. 이 집은 해안의 낮은 단구 위에 지어져 있기 때문에 눈앞이 바로 바다입니다. 맑은 날에는 건너편 해안의 스웨덴도 잘 보인다고 하는데, 저희가 방문한 날은 잔뜩 찌푸린 날씨여서 끝없이 펼쳐지는 납빛 바다의 수평선 근처가 회색 하늘과 하나로 연결되어 있었습니다.

바다를 바라보는 테라스에서 쉬고 있는 한네 키에르홀름 씨. 다다미 같은 질감의 바닥재와 테라스의 형태, 정면으로 보이는 나무 모양 등에서 옛 궁의 모습이 떠오르더군요.

여름 동안 한네 씨는 이 테라스를 거실처럼 사용한다고 합니다. 아침에 잠깐 수영을 한 후 테라스에서 아침을 먹거나 책을 읽기도 하고, 어떤 날은 아무것도 하지 않고 이곳에서 하루 종일 바다를 바라보며

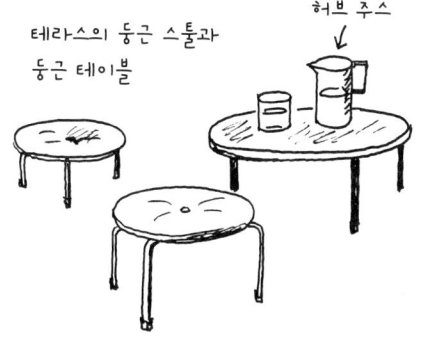

테라스의 둥근 스툴과
둥근 테이블

허브 주스

보낸다는 이야기를 듣고 있자니 정말로 부럽더군요. 바다 근처에서 살고 싶은 소망이 있는 저는 무심코 선망의 의미가 담긴 뜨거운 한숨을 흘리고 말았습니다. 그런 저에게 결정타를 날리듯 낮고 조용한 목소리로 한네 씨는 이렇게 말씀하셨지요.

"그리고 제가 제일 좋아하는 것은 이 자리에서 바라보는 월출이에요. 이곳이 동향이기 때문에 달은 바로 이쪽 정면에서 떠오르죠. 달이 수면에 비치면, 정말이지 그건 아름다운 꿈처럼 환상적이랍니다."

"월출이라……, 그렇군요……."

선망을 넘어 저는 그저 말줄임표 이외에는 할 말이 없었습니다.

남편, 가구, 그리고 침실

동쪽의 공용 공간에서 주목할 부분은 과감히 원룸으로 개방시킨 〈넓이감〉과, 이 무한정의 개방된 공간에 가구 배치를 이용해 각각의 용도를 가진 개별 공간의 성격을 부여했다는 점입니다. 가구로 하나의 공간을 만드는 방식이라면 아무래도 필립 존슨의 〈글라스 하우스〉를 떠올릴 수밖에 없네요(8장 참조). 이런 면에서는 미국 건축의 냄새도 엿볼 수 있더군요.

식당 부분은 파도 모양의 곡면 병풍 칸막이로 다른 공간과 구분됩니다. 다리가 세 개인 경쾌한 의자와 둥근 테이블은 파울 키에르홀름이 이 집을 위해 특별히 디자인한 것이라네요.

그녀의 남편인 파울 키에르홀름은 51세라는 젊은 나이로 세상을 등신 천재적인 가구 디자이너였습니다. 물론 키에르홀름 저택에 있는 가구도 대부분 파울 씨가 디자인한 것이지요. 게다가 몇몇 가구는 이 집만을 위해 특별히 디자인된 것이기 때문에 가구만 하나하나 살펴보아도 제법 보는 재미가 쏠쏠하답니다.

스테인리스, 가죽, 판유리 등을 조합해 만든 의자나 테이블 등 키에르홀름의 가구는 30년 전에 디자인된 것이라고는 생각할 수 없을 만큼

조립형 수납장

극히 단순한 이런 캐비닛 디자인처럼 어려운 것도 없어요. 마루판처럼 짜놓은 문 디자인 하나만 보더라도 이 디자이너의 비범한 감각을 엿볼 수 있습니다. 요절한 것이 정말 안타까워요.

19 Sept. Kjærholm House
1998 Kobun NAKAMURA

PK-22 1955 Poul Kjærholm

제 조촐한 의자 컬렉션 속에도 이 의자가 있습니다. 건축사무소에 근무하기 시작한 무렵, 월급의 약 2배라는 거금을 투자해 산 의자이지요. 생각해보면 가구 디자인의 고재비도 꽤 들었네요.

PK 해먹 체어

의자의 각도를 바꿀 수 있어요.

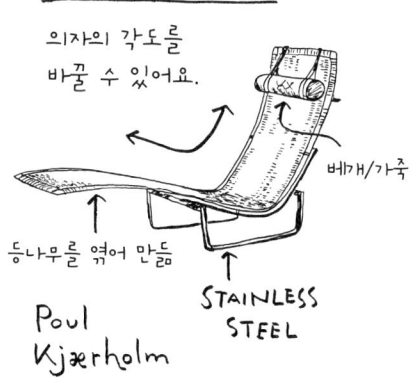

베개/가죽
등나무를 엮어 만듦
STAINLESS STEEL

Poul Kjærholm

파울 키에르홀름의 가구 디자인

217 키에르홀름의 집

거실의 남쪽 끝에 있는 서재 코너. 벽 한 면에 만든 책장에 수많은 책과 재미난 소품들이 장식되어 있어요.

책장에 꽂혀 있는 책에도 눈길을 빼앗겼지만, 책장의 비율과 극도로 얇은 판재의 두께에도 감탄하고 말았지요.

서재 옆쪽으로 놓인 수납장. 파울 키에르홀름이 디자인한 것이죠. 이 선반이 테라스를 따라 흐르는 동선을 훌륭하게 만들어내고 있습니다. 복도이기도 하고 툇마루 같기도 한 공간이지요.

시대를 초월한 결작들입니다. 하지만 이번 방문에서는 의자나 테이블 이외에도 책장과 서재 옆의 캐비닛 등 목제가구에도 시선을 주의 깊게 두었습니다.

책장 같은 것은 누가 디자인해도 별반 다를 바 없다고 생각하시겠지만, 그게 사람에 따라 아주 큰 차이가 납니다. 명장 파울 키에르홀름이 만들면 전혀 격이 다른 책장과 캐비닛이 탄생됩니다. 무엇보다 저는 책장 선반의 배치 비례에 감탄했고, 가로와 세로 나무판이 믿을 수 없을 정도로 얇은 두께라는 사실에 놀랐습니다. 그 정교한 세공과 재료를 다루는 능란한 솜씨에 한순간 숨을 죽이며 한참을 지켜보았지요.

*

"이 집은 완성된 당시와 거의 같은 상태지만 여기만 조금 개조했어요."

이렇게 말하며 한네 씨는 우리를 침실로 안내했습니다. 그렇군요. 도면상에서는 서재 용도의 작은 방이던 곳까지 침실로 확장되어 있었습니다.

그건 그렇다 쳐도 이 얼마나 따뜻하고 편안한 침실인지요. 최소한으로 줄인 개구부에, 방을 부드럽게 감싸는 나무 널판 벽은 투명한 황갈색으로 아름답게 변색되어 있었고, 낮게 매달린 펜던트 조명과 부드러운 느낌의 패브릭 등, 이 모든 것들이 조화를 이루며 침실다운 안도감과 포근함을 자아내고 있습니다.

선반과 벽에는 일본의 나막신과 짚신이 장식되어 있습니다. 그 모습이 어찌나 유머스러운지 엉겁결에 그만 한네 씨 얼굴을 뒤돌아보며 "대단하십니다!"라고 눈으로 사인을 보내고 말았네요.

포근한 분위기의 안락한 침실. 낮게 드리운 조명기구로 빛의 무게 중심을 밑으로 내렸네요. 따뜻하고 친밀한 분위기가 물씬 풍겨납니다.

두 개의 천창으로 자연 채광이 되는 주방. 보기에 아름답고 이용하기에도 편리한 주방 디자인을 한네 씨가 했는지 파울 씨가 했는지 아쉽게도 물어보지 못했네요.

외벽과 붙어 있지 않아 창을 낼 수 없는 세면실 부분. 채광과 환기를 위해 정석대로 천창을 이용했습니다. 이곳의 천장에도 집성목 들보가 얼굴을 내밀고 있네요. 이 집의 콘셉트를 엿볼 수 있는 장면이죠.

침실의 한쪽
일본을 자주 다녔다는 한네 씨는 일본 나막신과 짚신의 열혈 컬렉터였습니다.
침실이 마치 나막신가게처럼 보였어요.

"제가 일본을 좋아해서 몇 번이나 일본에 갔었습니다. 여기저기 많이 돌아다녔지요."라며, 검지와 중지로 걸어가는 장난스러운 손짓을 하며 나막신과 짚신에 관련된 대답을 해주셨습니다.

창고의 반전

실내를 한 바퀴 둘러봤으니 이제는 바깥을 둘러볼 차례네요. 해풍을 정면으로 맞지 않도록 낮게 만든 플랫 루프의 만듦새와, 벽돌 기둥과 집성목 들보의 결합 부분을 확인해두고 싶었습니다. 또한 한네 씨가 외부 디자인으로 어떤 시도를 하고 있는지도 궁금했구요.

건물을 한 바퀴 돌다가 건물 남쪽 측면(건물 뒤쪽)에 맞배지붕을 한 채 널빤지로 된 벽을 검게 칠한 사랑스러운 창고 두 채를 발견하고는 어쩐지 휴! 하고 안심이 되었습니다. 만약 이 창고마저 흰 벽돌을 쌓고 평평한 지붕을 올렸다면 지나치게 일률적이어서 답답했을 테니까요. 평평한 지붕을 싫어하는 것은 아니에요. 다만 저는 비스듬한 지붕이 있는, 집 모양의 건물에 마음이 더 끌립니다. 그것이 창고라고 해도 말이지요.

"덴마크 모던이란 평평한 지붕이어야 한다고 정해진 것 같지만, 전

집 모양의 창고 두 채. 남측 바깥에 위치해 있습니다. 이 창고를 이 모습 그대로 몇 배 정도 확대하면 덴마크 전통의 민가가 되지요. 잘 보면 지붕면에 평평하게 유리가 들어가 있기도 하고, 디자인적인 면에서도 꽤 매력 있는 창고입니다.

통적인 집의 형태에 모던한 평면 구성과 아이디어를 담고 있으면서도 신기함이나 참신함이 지나치게 눈에 띄지 않는 걸작도 하나 정도는 보고 싶었다."

하얀 벽돌담 옆에 자리한 검은색 창고를 바라보며, 제멋대로 저는 이런 혼잣말을 중얼거려 보았습니다.

필립 존슨 · 글라스 하우스
미국/코네티컷 주/1949년~1975년

필립 존슨 Philip Johnson, 1906-2005

1906년 오하이오 주의 저명한 법학자 가문에서 태어났다. 하버드 대학 철학과 재학 중 부친으로부터 물려받은 주식이 크게 올라 평생 우아하게 놀아도 생활이 가능한 대부호 대열에 합류했다. 대학 졸업 후 1930년부터 뉴욕현대미술관에서 월급을 받지 않는 직원으로 근무하면서 다수의 건축전을 기획해 큐레이터로서 주목을 받았다. 이 시기부터 많은 아티스트들과 친분을 맺었고 모던 아트 컬렉터로서도 알려지게 되었다. 1940년 34세의 나이에 하버드 대학 대학원 건축학과에 입학했고 대학원을 졸업한 후 다시 뉴욕현대미술관에서 근무했다. 1946년 40세의 나이에 돌연 건축가의 길을 걷기 시작한다. 1949년에 완성한 〈글라스 하우스〉는 존슨 자신의 주말주택으로 지어졌으나, 이 작품으로 건축가로서의 부동의 지위를 획득했다. 필립 존슨은 반세기 이상에 걸쳐 〈글라스 하우스〉를 오가며 살았고, 마지막에는 그곳의 침실에서 숨을 거두었다. 유골은 부지 주변에 뿌려졌다. 〈뉴욕주립극장〉(1964년), 〈크리스털 성당〉(1979년), 〈AT&T 빌딩〉(1984년) 등 다수의 화제작을 남겼다.

Philip Johnson
The Glass House

한 권의 책

〈글라스 하우스〉는 미국 건축가 필립 존슨이 코네티컷 주 뉴캐넌에 지은 자신의 주말주택입니다. 필립 존슨은 20세기 건축계에 군림했던 대가로, 높은 지성과 폭넓은 교양, 발군의 감각을 겸비한 데다가 대단히 유복한 신분이기도 했지요. 그는 넘치는 재산과 재능을 이용해 뉴캐넌의 광대한 부지 안에 자신의 취향에 맞는 건물을 원하는 대로 지으며 즐겁게 지냈습니다. 알기 쉽게 말하면, 취미로 즐기는 건축이었던 셈이지요. 그러나 뛰어난 재능의 소유자로 알려진 건축가가 자존심을 걸고 착수한 일이므로 아무리 취미라고는 해도 단순한 심심풀이로 끝날 일은 아니었습니다. 뉴캐넌에 지어진 모든 건물은 존슨의 강렬한 개성과 미학으로 뒷받침되어 있으며 재기와 장난기로 충만한, 건축계의 이목을 끈 문제작과 화제작들이었습니다. 존슨은 98세까지 장수를 누렸고, 그가 타계한 후 용도와 구조, 형태가 서로 다른 10동의 건축물이 부지 안에 남겨졌습니다.

제가 건축가 필립 존슨과 글라스 하우스를 처음 만나게 된 것은 『필립 존슨 작품집』이라는 책을 통해서였습니다. 1975년 4월, 우연히 놀러갔던 친구의 집에서 출간된 지 얼마 되지 않은 그 책을 발견하게 되었지요. 사실 발견했다기보다는 책장에 꽂혀 있던 책등의 표지가 제 눈으로 뛰어들어 왔다고 하는 것이 더 정확한 표현일 것입니다. 순백의 책등에 뚜렷하게 인쇄된 〈Philip Johnson〉이라는 알파벳의 아름다움이 갑자기 제 가슴을 사로잡아버렸지요. 즉시 책장에서 꺼내 글라스 하우스를 다룬 장부터 읽기 시작했고, 읽기 시작한 지 얼마 되지 않아 이번에는 제대로 한방 먹었다는 기분이 들고 말았지요.

그런 생각이 든 까닭은 글라스 하우스 내부의 벽돌로 만든 원통형 난로에 대한 다음과 같은 언급 때문이었습니다.

"바닥에서 솟아오른 원통은 바닥에 깔려 있는 것과 같은 벽돌로 되어 있어 이 집의 주된 모티브가 되고 있다. 이것은 미스 반 데어 로에로부터 가져온 것이 아니라 내가 예전에 보았던, 화재로 불탄 후 기초와 벽돌 굴뚝만 남아 있던 목조 농가의 모습에서 끌어낸 것이다."

화재가 난 곳의 불탄 흔적에서 건축을 발상한다니, 이 얼마나 시적이며 이 얼마나 가슴 두근거리는 일입니까! 이런 이야기를 이처럼 군더더기 없이 표현하다니, 이 얼마나 얄밉도록 뛰어난 감각인지요! 계속 읽어가다 보니, 글라스 하우스의 아이디어는 원래 아무개 씨의 것이라는 둥, 접근로의 오두막은 아무개 씨의 계획안에서 베껴왔다는 둥,

배치는 어디어디의 건축에서 영향을 받았다는 둥, 자신의 건축의 유래를 아낌없이 공개(자백?)하고 있었습니다. 건축가라는 직업을 가진 사람들은 자신의 독창성이나 선구적인 면을 자못 대단한 체하며 표명하는 데에는 재주가 있지만, "어느 건축가의 이런 부분을 따라했다."고는 좀처럼 솔직히 고백하지는 못합니다. 그러나 필립 존슨은 주저하는 기색 없이 말해버립니다. 저는 그 건축가가 〈보통내기가 아니다〉라고 생각했고, 그래서 그 건축가로부터 〈눈을 뗄 수가〉 없었습니다. 그 이후 『필립 존슨 작품집』은 생각날 때마다 읽어보는 저의 애독서가 되었지요.

생각해보면 저에게 있어 그 책은 건축가의 마음가짐에 대한 지침서였고 잠언집과 같은 것이었습니다. 예를 들어, "건축을 배우는 유일한 방법은 길을 나서서 직접 그 건축물을 보는 것이다."라는 말에 자극받아 세계 각지를 여행하는 건축 순례를 반복하게 되었고, "주택을 만드는 것을 주업으로 삼음과 동시에 책임 있는 건축가이기 위해서는 대단한 부자여야만 할지도 모른다."는 말과 맞닥뜨렸을 때에는 "내게는 주택설계 일을 할 자격이 없구나." 하는 암담한 생각에 사로잡히기도 했습니다. 또한 "건축가는 원룸의 건축으로 기억된다."는 말이나, "독창적인 건물을 만들기보다 〈좋은 건물〉을 만드는 것이 훨씬 더 좋은 일이다."라는 말 같은 것들은 차가운 물이 솟아나오는 것처럼 제 마음 한곳에 스며들었지요. 명쾌한 논지를 평이한 문장으로 말하는 그 말투는 음미하면 음미할수록 그 내용이 깊었습니다. 또한 그저 단순하게 〈맛있다〉라고 말하지 못하게 만드는, 쓰고 신 맛과 함께 독특한 삽화도 그 책에는 힘께 들어 있었습니다.

그 중에서도 주택을 설계하는 제 머릿속에서 끝나지 않는 음악처럼 지금도 계속해서 울리는 말이 있습니다. 비판의 느낌이 가득한 경구와도 같은 그 문장은 다음과 같은 것입니다.

"만약 주택을 제대로 기능하게 하기 위한 이런저런 궁리가 미적인 창의성을 이겨버린다면, 그 결과로 생겨난 것은 이미 건축이 아니다. 그것은 단순히 유용한 것을 끌어 모아둔 것에 불과하다."

풍경건축 + 건축놀이

필립 존슨이 반세기 동안 자신의 건축놀이를 펼친 무대가 된 땅은 코네티컷 주의 뉴캐넌입니다. 뉴욕 중심부에서 북동쪽으로 자동차로 1시간 반 정도 떨어진 곳이지요. 교외전철의 마지막 역이 있는 아담한 마을로, 주변으로는 뉴잉글랜드의 자연을 품은 고급 주택지가 펼쳐져 있습니다.

1940년대 중반, 존슨은 커다란 단풍나무와 소나무가 우거져 있고 작은 냇물이 흐르는 뉴캐넌의 풍토와 땅의 분위기에 이끌려 5에이커의 땅을 사게 됩니다. 그리고 그곳에 글라스 하우스와 브릭 하우스를 세우게 되면서 존슨의 〈건축놀이 일기〉가 시작됩니다. 5에이커를 평으로 환산하면 약 6천 평이니 충분한 넓이라고 생각할 수도 있겠지요. 그러나 영국풍 랜드스케이프 디자인에 동경을 품고 있던 존슨에게 그 땅은 너무 좁았습니다. 새로운 건물을 짓고 싶어질 때마다 주변 땅을 계속 사들여 부지를 확대시켜 나갔고, 최종적으로는 제일 처음에 산 땅의 약 9배에 달하는 47에이커(약 57,540평)의 땅을 손에 넣게 되지요. 그리

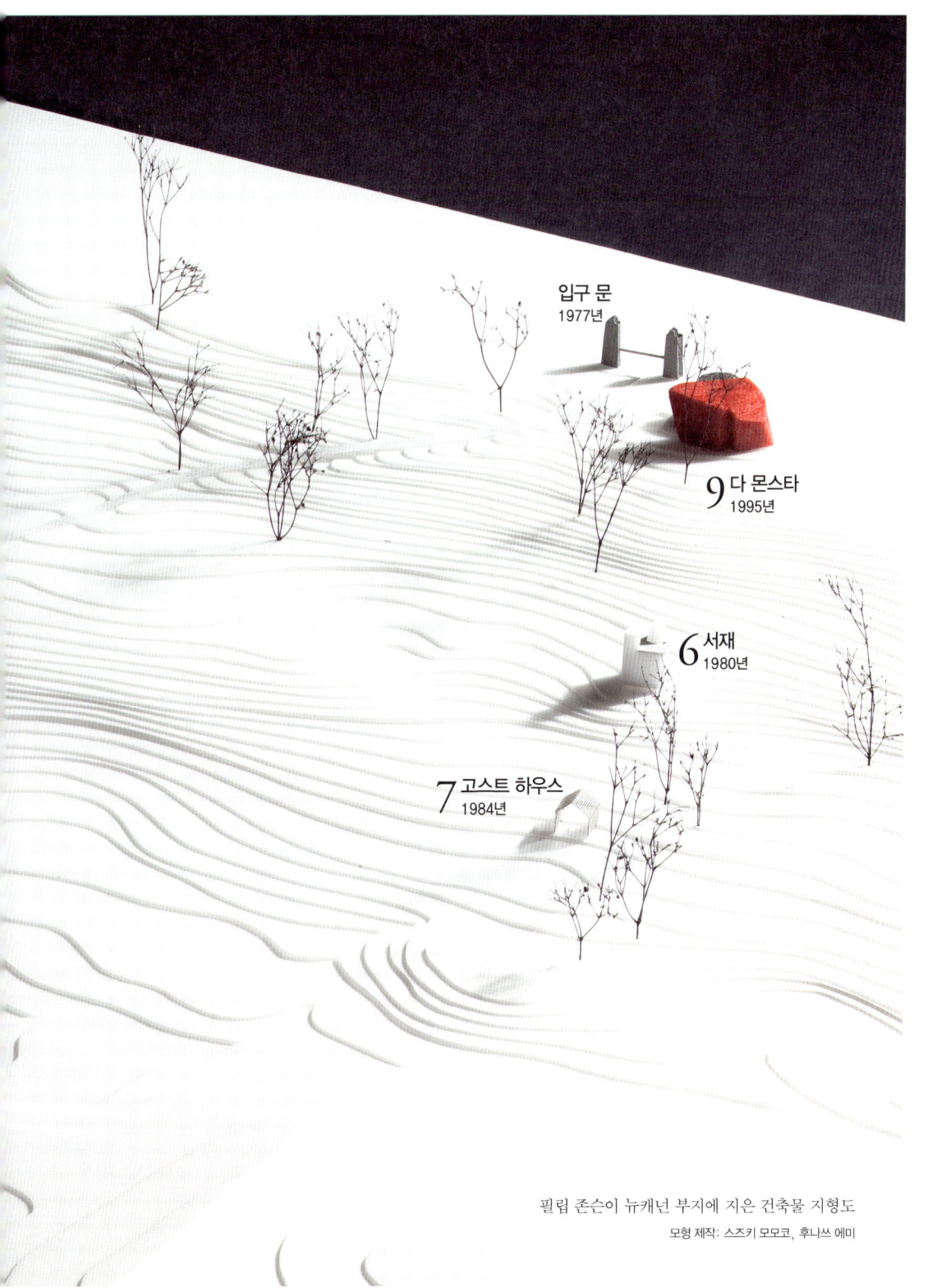

필립 존슨이 뉴캐넌 부지에 지은 건축물 지형도
모형 제작: 스즈키 모모코, 후니쓰 에미

고 그곳에 여러 채의 작은 건축물들을 계속해서 지었구요.

지형은 전체적으로 부드러운 경사지로, 고저의 차가 약 30미터 정도인 경사지 안에 계곡을 향해 튀어나온 평탄지(여기에 글라스 하우스와 브릭 하우스가 세워져 있습니다.)와 목초지, 작은 개울이 흘러 들어오는 습지에다가 구릉지와 수목이 무성한 숲이 있기도 한 땅입니다. 지형적으로나 전망의 면에서도 변화가 있는 땅이기 때문에 그저 산책하는 것만으로도 충분히 즐길 수 있는 곳이지요.

존슨은 건물을 방해하는 나무나 눈에 거슬리는 나무를 몇 십 그루 베어내고, 베어낸 나무보다 훨씬 더 많은 나무를 심었습니다. 그리고 잡초를 베고, 꽃을 심고, 연못을 파고, 언덕을 만들고, 돌담을 돌리고, 지형을 정리하는 등 끊임없이 풍경을 손질해가며 건축물과의 조화를 추구한 〈풍경건축〉을 해나갑니다. 뉴캐넌의 〈건축놀이〉를 지탱해 왔던 것이 〈풍경건축〉이었고, 〈풍경건축〉의 즐거움에 보다 큰 즐거움을 더한 것이 〈건축놀이〉였던 것이지요. 이 두 가지의 놀이가 풍류를 아는 일생을 보낸 건축가 필립 존슨의 생애에 걸친 빛나는 작업이 되었습니다.

이 장에서는 뉴캐넌의 드넓은 부지 안에 필립 존슨이 지은 작은 건축물 9개의 순례기를 담았습니다. 그 첫 번째 대상은 〈유리의 집〉이라고 알려진 〈글라스 하우스〉입니다. 자, 그럼 이제 출발해 볼까요.

글라스 하우스 Glass House

존슨은 목적지인 건물에 이르기까지의 〈접근로〉를 대단히 중요하게 생각한 건축가였습니다. 그는 "건축물에 다가갈 때는 그 건축물에 대한 기대감에 가슴이 부풀어 오르도록 천천히 걸어서 다가가야 한다."라고 말했는데, 이것이 건축물에 대한 매너이며 건축을 보다 더 제대로 감상하기 위한 비결이자 방법이라고 생각했습니다. 부지 안에 세워진 10동의 건축물 중 모든 사람이 가장 먼저 찾는 곳은 글라스 하우스입니다. 그리고 이곳을 방문한 사람들은 자신도 모르는 사이에 존슨의 작법에 따라 글라스 하우스로 다가가는 접근로를 즐기게 되지요.

자동차에서 내려 눈앞에 펼쳐지는 아름다운 풍경을 바라보며 부드럽게 커브 진 내리막길을 내려가는 것 자체가 즐거운 건축적 체험이라고 할 수 있을 것입니다. 먼저 전방 오른쪽에 도널드 저드가 만든 콘크리트의 원형 조각물이 보이기 시작합니다. 주의 깊은 분이라면 이 광대한 부지 여러 곳에서, 그리고 건물 속에서 수많은 원을 발견할 수 있을 것입니다. 필립 존슨은 〈원〉을 편애한 사람이었습니다. 그러고 보니 존슨의 트레이드 마크였던 굵은 테 안경조차 완벽한 원의 형태네요.

이런 것들을 떠올리며 걷다 보면 좌우로 글라스 하우스와 브릭 하우스가 한꺼번에 보이는 장소에 도착하게 됩니다. 이 장소에 서게 된다면 "건물은 정면으로 다가가지 말고 비스듬한 각도로 다가가세요."라는 존슨의 말을 떠올리는 분들도 많이 계실 겁니다. 존슨은 그리스 시대부터 내려오는 이러한 건축 수법을 아테네의 아크로폴리스를 인용하며 설명하고 있는 것이지요. 또한 존슨은 이곳에서 브릭 하우스를 바라보면 "벽돌벽에 부딪쳐 튕겨져 나온 시선이 글라스 하우스의 정면으

〈글라스 하우스〉와 그 접근로입니다. 사방이 유리벽으로 된 원룸 형태의 투명한 이 집은 타인의 시선에 신경 쓸 필요 없이 주변의 모든 부지가 자신의 땅인 부유한 필립 존슨만이 시도할 수 있는 집이지요.

발포 콘크리트로 만든 원형 조각물은 조각가 도널드 저드의 작품입니다. 존슨의 부지를 방문하는 사람은 수많은 〈원〉과 만나게 되는데 그 중 제일 처음 만나는 원이 바로 이 조각입니다.

로 향하게 된다."는 이야기를 합니다. 시선과 의식을 당구공에 비유해 몸짓과 손짓을 섞어가며 하는 설명이지요.

이곳에 서 보면 "여기 이상의 자리는 없다."라고 생각될 만한 장소를 선택해 글라스 하우스가 지어져 있다는 사실을 알게 됩니다. 벼랑에서 튀어나온 곳과 같은 장소이지요. 필립 존슨은 건물을 어디에 세울 것인가에 대해 특별히 날카로운 감각을 발휘하는 사람이었으며, 그뿐만 아니라 풍경 속에 건물이 있어야 하는 모습이나 건물 상호간의 위치관계에 대해서도 세심한 주의를 기울이는 건축가였습니다.

발판을 두 단 올라서서 문을 열고 드디어 실내로 들어섭니다. 오른쪽의 벽돌로 된 기다란 원통과 왼쪽의 주방 테이블 사이에 있는 공간이 현관홀입니다. 글라스 하우스는 원룸 구조로, 제대로 된 〈방〉이 있

녹음에 뒤덮인 바깥의 잔디밭에는 가든 체어가 놓여 있는데 그곳에서 아래쪽의 연못과 〈파빌리온〉을 바라볼 수 있지요.

다기보다는 〈방이 있음〉이 암시되어 있는 형태입니다. 예를 들어 정면 양탄자 위가 거실이 되고 그 왼쪽이 식당과 주방이 되며, 원통 주변을 시계 방향으로 돌면 수납장 뒤편이 침실이 되고, 유리벽을 따라 똑바로 가면 서재 코너가 되지요. 원통 안에는 세면과 샤워를 할 수 있는 욕실과 화장실이 있으며, 원통의 거실 쪽은 커다란 난로로 되어 있습니다. 방뿐만 아니라 복도 역시 넌지시 암시되어 있기 때문에 글라스 하우스에 들어간 사람은 자신도 모르는 사이에 보이지 않는 복도를 통해 공간에서 공간으로 이동하게 됩니다.

글라스 하우스에 발을 들여놓았을 때 제일 먼저 느낀 것은 〈유리〉라는 소재가 벽돌이나 콘크리트에 필적할 만큼 견고한 벽이 될 수 있다는 점이었습니다. 투명하긴 하지만 커다란 판유리 그 자체가 벽으로 사용되고 있고, 그 밀폐감에서 생겨나는 안도감이 글라스 하우스를 주택으로서 성립시키고 있는 중요한 요소라는 생각이 들었습니다.

자, 이제 옆 페이지의 평면도를 봐주세요.

직사각형 평면 안에 다양한 크기의 직사각형과 크고 작은 원형이 균형 있게 배치되어 있으며, 그로 인해 조금 전에 언급한 대로 〈방〉이 생겨나게 되었다는 것을 평면도를 통해 이해하실 수 있으리라 생각합니다. 그리고 추상화를 좋아하는 사람이라면 그 절묘한 가구 배치가 몬드리안 등 신조형주의 계열의 그림처럼 보일지도 모르겠습니다. 필립 존슨은 추상회화로부터 커다란 영향을 받았고, 건물의 배치 계획이나 건물 내부의 공간 구성에도 회화적인 아름다움을 추구했습니다. 화장실과 샤워실, 난로가 설치되어 있는 거대한 원통의 배치가 그 좋은 예입니다. 원통을 사각형 방 중간에서 약간 옆으로 비껴난 미묘한 위치에 앉힌 것은 러시아 구성주의 화가인 카지미르 말레비치의 그림에서 힌트를 얻은 것입니다. 직사각형 안에 원을 그린 「절대주의자의 구성요소」라는 그림 말입니다.

거실에서 또 한 가지의 볼거리는 미스 반 데어 로에가 디자인한 가구가 양탄자 위에 비대칭적으로 배치되어 있는 부분입니다. 존슨은 1949년 글라스 하우스를 완성한 이후, 이 가구는 물론 다른 가구의 위치까지도 전혀 바꾸지 않았다고 합니다. 그는 올바른 위치에 가구를 놓

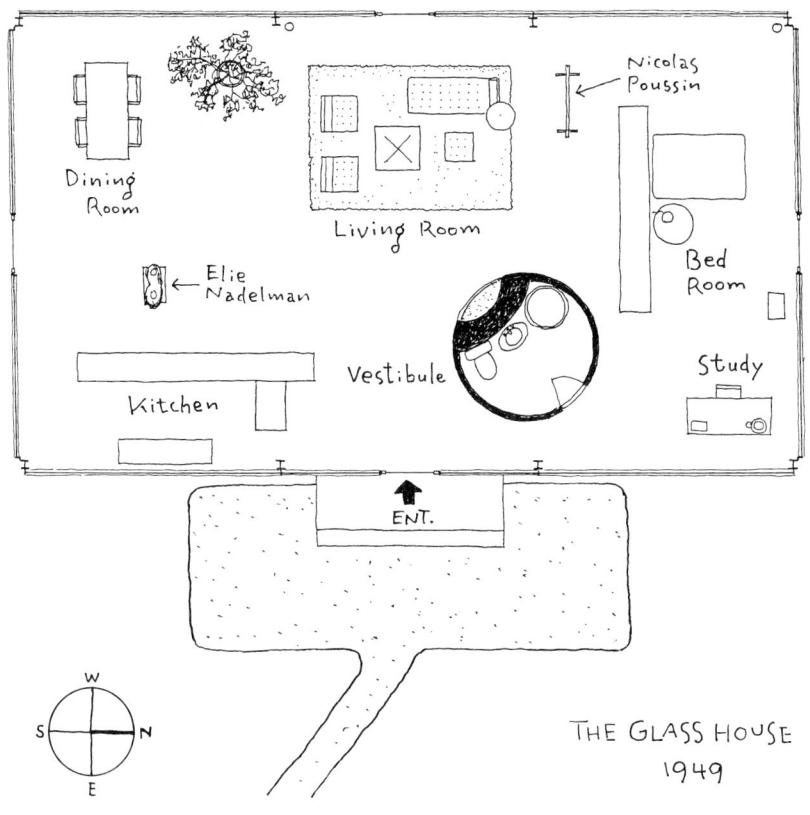

THE GLASS HOUSE
1949

기 위한 규칙까지 만들어 두었다고 합니다. 언변의 달인이기도 했던 존슨은 이 양탄자를 갈색의 벽돌 바다에 뜬 〈뗏목〉이라 부르곤 했다네요.

다음은 식당입니다. 식당의 의자는 미스 반 데어 로에의 디자인이고, 금속제 다리에 대리석을 올린 간소한 테이블은 필립 존슨이 디자인한 것입니다. 글라스 하우스에서 존슨은 북쪽 거실 쪽을 향해 앉는 것을 좋아했다고 하는데 사진이나 영상에서도 늘 그런 자세를 취하고 있습니다. 글라스 하우스 내부에서 북쪽을 바라보면 거실에 있는 미스 반

239 글라스 하우스

바르셀로나 체어 등 미스 반 데어 로에가 디자인한 가구를 비대칭으로 배치한 거실. 존슨은 바닥에 깔아놓은 잿빛 양탄자를 벽돌의 바다에 떠다니는 〈뗏목〉이라 불렀답니다.

데어 로에의 바르셀로나 체어 너머로 17세기 화가 니콜라 푸생의 유화가 보이고, 그 너머로 침실 파티션 가구가, 또 그 너머로는 유리가, 또 그 유리 너머로는 나무숲이 보입니다. 이런 식으로 존슨은 사이즈와 소재가 서로 다른 칸막이 역할을 하는 것들이 비껴나거나 겹쳐지는 것을 보길 즐겼던 것이지요. 푸생의 유화는 당연히 진품으로, 그 그림 속 풍경과 뉴잉글랜드의 풍경이 서로 겹쳐지는 부분도 아마 마음에 들었으리라 생각됩니다. 그러고 보니 존슨은 커다란 유리벽 한 면 가득 숲의 풍경이 깃드는 모습을 〈벽지〉라고 부르며, "저 벽지에는 꽤 돈이 들었

침실입니다. 앞에 보이는 하얀색 침대에서 필립 존슨은 생을 마감했습니다. 글라스 하우스가 그에게 마지막까지 동반자가 되어 주었던 거죠.

지."라는 농담을 하기도 했지요.

다음으로는 건물의 북쪽에 있는 침실입니다. 침실에는 미국에서는 다소 믿기 힘들 정도로 낮은 침대가 놓여 있고, 곁에는 원형의 투명 유리를 얹은 나이트 테이블이 놓여 있습니다. 침대에 누우면 왼편의 계곡 쪽이 서향, 오른편의 언덕 쪽이 동향이기 때문에 일몰과 월출을 동시에 볼 수 있다는 것도 존슨의 자랑거리 중 한 가지였지요.

여기서 중요한 것이 기억났습니다. 존슨은 98세에 숨을 거두었는데, 숨을 거둔 장소도 바로 이 침대였습니다. 병원이 아닌, 이 글라스 하우

식당 밖으로 존슨이 풀밭이라 불렀던 드넓은 초지가 펼쳐집니다. 그 위에 와이어 체어가 두 개 놓여 있네요. 출입문 정면으로 보이는 코코아색 건물은 1980년에 완성된 〈서재〉입니다.

스의, 이 침실의, 이 침대에서 생을 마감한 것이지요. 〈생활감이 없는 주택이다〉, 〈살기 힘들 것이다〉, 〈보이기 위해 만든 주택으로, 실제로는 살지 않는 것이 틀림없다〉라며 호된 악담을 들어왔던 주택에 주말마다 오가는 생활을 반세기 이상 계속하고, 심지어 그곳을 자신의 죽음을 맞이할 곳으로 선택한다는 것은 정말 대단한 일이지요. 그야말로 존슨은 글라스 하우스와 멋지게 해로했습니다.

이번에는 다이닝 테이블과 키친 카운터 사이에 놓여 있는 나델만의 조각 너머로 남쪽 방면을 바라보기로 하죠. 우선은 두 사람이 서로 기대 있는 조각이 먼저 눈에 들어오고 이어서 유리 밖에 나란히 놓여 있는 해리 베르토이아의 와이어 체어가 두 개, 그리고 더 뒤쪽으로는 사이좋게 나란히 서 있는 두 그루의 버드나무가 보입니다. 이렇듯 두 사람, 두 개의 의자, 두 그루의 나무로 의식을 이어가며 풍경 속에서 시선을 끌고 가는 수법은 건축에 의미성을 추가하고자 했던 존슨다움이 잘 드러나는 방식이라는 생각이 듭니다.

이제 시선을 실내로 돌려 왼쪽에 있는 주방을 살펴보도록 하죠. 주방은 60년 전에 만들어진 오픈 카운터 키친입니다. 그 시대에는 이와 같은 형식의 주방은 없었는데, "나는 주방을 간단한 스탠드 형식으로 최소화해 만들었고 주방 설비가 공간 전체를 에워싸지 않도록 했다. 이는 내가 생각해낸 것으로 선례가 없다."라며 존슨도 자신의 독창성을 자랑스럽게 단언했습니다. 주방에 관심이 있는 분이라면, 카운터 안에 있는 싱크대와 레인지를 사용할 때 상판의 일부를 도개교와 같은 장치로 열 수 있는 덮개를 만들어 둔 것 등, 꽤나 섬세한 세공이 되어 있는 부분도 놓치지 않으실 겁니다.

그리고 마지막은 화장실과 샤워실 등 물을 쓰는 곳입니다. 벽돌 원

벽돌 원통 안에 세면대와 변기, 샤워부스가 있지요. 출입구는 거실 쪽에 있는 난로의 뒤편에 해당됩니다.

원통의 내부. 녹회색 모자이크 타일을 발라서 마감한, 놀라울 정도로 간소한 욕실입니다. 천장에는 돼지가죽을 붙여 놓았습니다.

통 안에 있는 이 공간은 이 건물에서 유일하게 사람의 눈을 신경 쓰지 않아도 되는 곳입니다. 바닥과 벽은 차분한 녹회색의 모자이크 타일로 되어 있으며 욕조는 없고 샤워부스만 있습니다. 원형의 샤워 공간에는 바닥 전체가 물에 젖지 않도록 도넛 형태로 가장자리를 쌓아 올려 바닥과 같은 모자이크 타일로 마무리했습니다. 천장에는 가로 세로 6센티미터 정도의 갈색 돼지가죽이 붙어 있는데, 이 마무리에 어떤 의도가 있었던 건지에 대해서는 아직까지 미스터리입니다.

*

　이쯤해서 글라스 하우스가 완성되기까지의 에피소드를 간략하게 소개해볼까 합니다. 지금이야 유리벽으로 감싼 집이 희귀한 것도 아니지만, 지금부터 60년 전에는 유리로 주택을 만드는 것이 가능하다는 사실과 그런 집에 사람이 산다는 것에 대해 그 누구도 생각하지 못했습니다, 라고 말하면 좋겠지만, 어느 시대에나 선견지명을 가진 사람은 있기 마련이지요. 그 무렵에 이미 그것이 가능하다고 생각한 사람은 건축계의 거장 미스 반 데어 로에였습니다.

　어느 날 미스 반 데어 로에는 이제 곧 마흔줄에 접어들 필립 존슨에게 커다란 판유리만으로 간단히 집을 지을 수 있다는 이야기를 하게 됩니다. 이야기를 듣고 있던 존슨은 처음에는 고개를 갸우뚱했지만 미스 반 데어 로에가 그 아이디어로 짓고자 하던 〈판스워드 주택〉(1951년)의 스케치를 보고 "오, 가능하겠다!"라는 생각을 하게 되지요. 아니, 어쩌면 "오, 이 아이디어는 내꺼다!"라고 생각했는지도 모르겠네요. 아무튼 이렇게 해서 그 순간부터 3년 넘게 계속된 글라스 하우스의 설계 작업이 시작됩니다.

　하나의 집을 설계하는 데 3년이라는 세월을 들인다는 것이 누구에게나 가능한 일은 아닙니다. 적어도 다음 세 가지의 조건이 충족되어야 합니다. 우선은 당장의 필요성에 쫓기지 않아야 한다는 것. 그 다음은 누군가로부터 재촉 받지 않아야 한다는 것. 마지막으로는 스스로 만족할 때까지 끝까지 붙들고 있을 각오가 있어야 한다는 것입니다. 다행히 글라스 하우스는 이 모든 조건을 만족시키고 있었습니다. 원래 자신을 위한 주말주택이었던 데다가, 마음 편한 독신이었으니 가족들로

해가 저물어가는 〈글라스 하우스〉의 실내. 존슨은 조명에도 특별한 애착을 가지고 있었지요. 천장을 비추는 라이트와 플로어 스탠드는 존슨 자신이 디자인한 것입니다.

부터 이래라저래라 재촉당할 일도 없었고 말이지요. 게다가 건축가의 길을 걷기 시작한 지 얼마 되지 않은 시점이었기 때문에, 존슨은 자신이 어디까지 할 수 있을지 자신의 감각과 재능을 스타트 시점에서 제대로 확인해보고 싶었을 겁니다.

3년 동안 이런저런 크기, 이런저런 조건, 이런저런 취향의 설계안이 잇달아 등장했고, 그때마다 계속해서 다듬어 갔지요. 존슨은 하나하나의 설계 계획안에 로마 숫자로 번호를 붙여 놓았는데, 마지막 계획안 번호가 XXVII(27번)이었습니다. 그리고 이 XXVII의 안이 실제로 만들

조명을 환하게 밝힌 〈글라스 하우스〉 야경. 스포트라이트가 커다란 나무 밑에 자리 잡은 〈글라스 하우스〉 외관을 돌아가며 비추고 있는 모습이 흡사 무대장치와도 같죠?

어지게 되었습니다. 27개의 계획안을 하나하나 보다 보면 존슨의 머릿속에서 공간 배치가 진화하고, 바뀌고, 힘차게 돌진하고, 틀을 벗어나 달리는 모습 등이 손에 잡힐 듯 그려집니다. 그것을 해독해가는 것만으로도 흥미진진한데, 그 해설에 대해서는 뒤에 나오는 두 페이지를 참조해 주시기 바랍니다.

〈글라스 하우스〉 평면도의 변천사

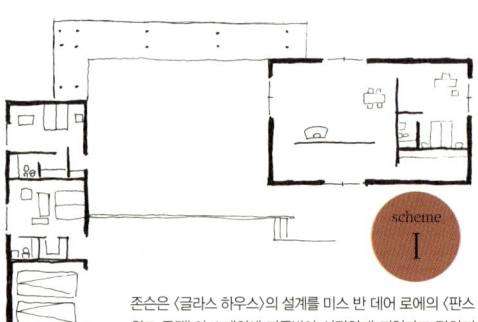

scheme I

존슨은 〈글라스 하우스〉의 설계를 미스 반 데어 로에의 〈판스워드 주택〉의 스케치에 자극받아 시작하게 되었다고 말하지만, 의외로 최초의 안에서는 그 영향을 찾아볼 수 없다. 오히려 이 설계안에서는 존슨이 경애한 독일 건축가 칼 프리드리히 쉰켈의 작품에서 받은 영향이 현저하게 드러난다.

계곡을 바라보며 오른쪽에 본채, 왼쪽에 게스트룸과 관리인실, 차고 등의 부속건물이 분리되어 배치되어 있고, 한 단 높게 쌓아 만든 중원과 파고라가 설치된 복도로 두 동의 건물이 연결되고 있다. 두 동의 건물은 폐쇄적인 벽돌벽에 둘러싸여 요소요소에 최소한의 개구부가 마련되어 있다. 이 설계안을 작성한 일자는 정확하지 않지만 1945년이나 1946년 초반부의 스케치로 보인다.

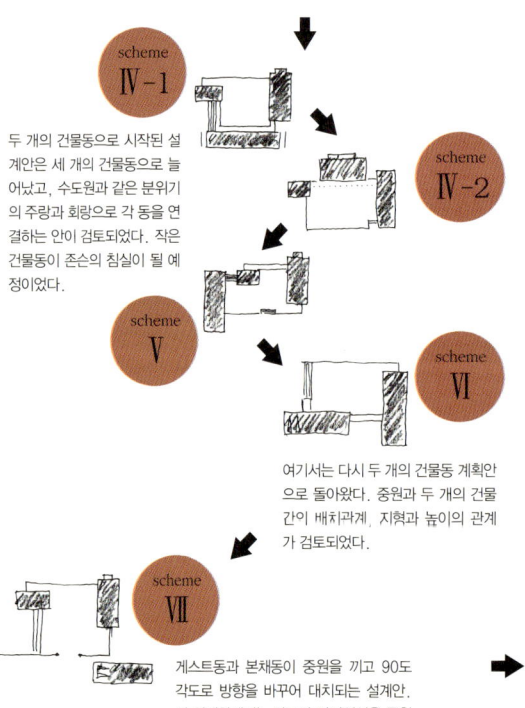

scheme IV-1

두 개의 건물동으로 시작된 설계안은 세 개의 건물동으로 늘어났고, 수도원과 같은 분위기의 주랑과 회랑으로 각 동을 연결하는 안이 검토되었다. 작은 건물동이 존슨의 침실이 될 예정이었다.

scheme IV-2

scheme V

scheme VI

여기서는 다시 두 개의 건물동 계획안으로 돌아왔다. 중원과 두 개의 건물 간의 배치관계, 지형과 높이의 관계가 검토되었다.

scheme VII

게스트동과 본채동이 중원을 끼고 90도 각도로 방향을 바꾸어 대치되는 설계안. 이 설계안에서는 차고와 관리인실을 중원 울타리 밖에 위치시켰다

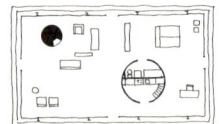 

scheme XII

1947년 1월부터 4월 사이에 만들어진 이 설계안은 계곡 쪽으로 튀어나온 땅에 토대를 쌓고 그 위에 〈글라스 하우스〉를 올려두었다. 물을 쓰는 공간과 주방, 지하의 기계실로 가는 계단실이 합체되어 하나의 원통 속에 정리되었고 난로의 원통과 대각의 위치에 배치했다. 설계안에 게스트용의 침대는 그려져 있지 않지만 물을 쓰는 곳 입구 앞, 수납과 주 침실의 헤드보드 사이의 공간에 놓아둘 생각이었을지도 모른다.

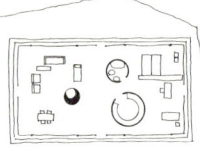 

scheme XI

1946년 11월 이후에 그려진 설계안. 설계안 X의 S자가 떨어져 나가면서, 주방과 나머지 물을 쓰는 공간이 두 개의 원통 속에 분리되어 정리된다. 타원형이었던 난로도 똑그란 원통으로 바뀌었고, 세 개의 원통이 원룸 속에 제 나름대로 흩어져 있다. 주 침실은 서향을 바라보는 계곡 쪽에, 게스트용 침실은 북동쪽 코너에 배치되어 있다.

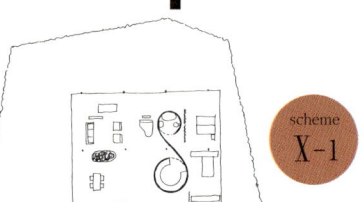

scheme X-1

IX의 설계안에서 5개월 동안 설계를 중단했고, 1946년 9월에 드디어 커다란 판유리를 이용한 〈글라스 하우스〉가 등장하게 된다. 원룸의 분위기를 잃지 않는 한도 내에서 거실과 식당을 분리했고, 주 침실과 게스트용 침실을 분리하는 방법이 검토되어 있다. S자 모양의 설비코어에 세면대, 화장실, 샤워실 등 물을 쓰는 곳과 주방을 집어넣은 꽤나 매력적인 공간 배치이다. 건물에 깊이감을 주기 위해 중앙부에 기둥을 줄지어 세웠다.

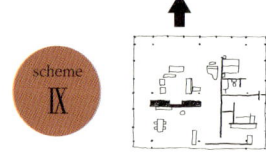

scheme IX

계곡 쪽으로 빼낸 테라스 위에 온실 느낌의 유리상자를 놓아두는 설계안. 미스 반 데어 로에가 시사한 "내지 핀유리기 이닌, 폭이 좁고 세로로 긴 유리를 사용하고 있다. (미스 반 데어 로에의 아이디어를 그대로 차용하는 것이 아무래도 마음에 걸렸던 것일까요?) 유리를 집어넣은 상자 안에 기둥으로 둘러싸인 박스 공간이 하나 더 들어가 있는 것이 이 설계안의 특징이다. 커다란 벽돌벽으로 거실과 식당을 나누고, T자 모양의 벽으로 거실과 침실 부분을 분리하는 동시에 주 침실과 게스트용 침실을 분리하고 있다. 이 설계안에서는 관리인실과 차고는 고려하지 않았다. 1946년 3월이라고 작성일자가 붙어 있다.

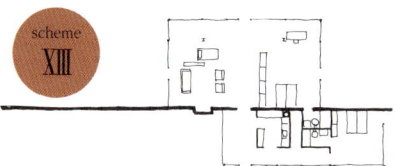

1947년 5월, 지금까지 없었던 전혀 새로운 설계안이 등장한다. 계곡 쪽의 풍경을 완전히 차단하는 36미터 길이의 벽이 설치되고 벽 안쪽에 입구홀, 주방, 게스트용 침실이 배치되고, 계곡 쪽에는 거실과 주 침실이 배치되는 계획안이다. 주 침실 쪽의 물을 쓰는 공간이 벽 안쪽으로 들어가 있어 벽을 빠져나가며 오간다는 느낌을 주는 부분이 재미있다.

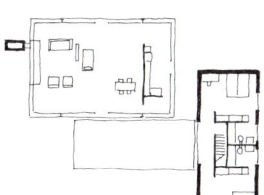

거실과 식당 부분을 침실 부분과 어떻게 분리할 것인지, 주 침실과 게스트용 침실을 어떻게 분리할 것인지가 이 계획안의 주된 고민이었다. 이 설계안에서는 거실과 식당 건물과 침실 건물을 분리하고 있다. 주목할 부분은 거실과 식당 건물을 개방적인 유리상자로, 침실 건물을 폐쇄적인 벽돌상자로 나누고 있다는 점이다. 이 설계안에서는 테라스를 통해 두 건물이 연결되어 있는데, 이 두 건물을 완벽히 떨어뜨리면서 최종적으로는 〈글라스 하우스〉와 〈브릭 하우스〉로 발전해 가게 된다.

1947년 여름, 지금까지 없었던 돌연변이 같은 설계안이 등장한다. 상부에 시리아풍 아치라 불리는 반원형 아치를 올리는 설계안이다. 설계안 I에 등장했던 건축가 쉰켈이 배후에서 다시 얼굴을 내밀고 있다. 아치가 들어간 설계안은 세 개가 있는데, 설계안 XIX에는 두 개의 아치가, 설계안 XX에서는 다섯 개의 아치가 연속된다. 아치가 들어간 모든 설계안에서는 쉰켈을 포기하고 싶지 않은 존슨의 미련 섞인 중얼거림이 들려오는 듯 하다. 세 개의 아치 정중앙에 출입구로, 중심축으로 도는 회전문이 설치되어 있다. 계곡을 바라보며 왼쪽이 주 침실, 오른쪽이 게스트용 침실이다.

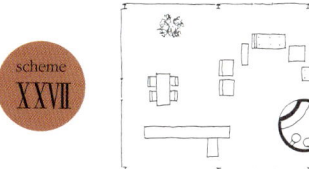

드디어 최종안. 스케치한 날짜는 1947년 11월. 가까스로 쉰켈과 미스 반 데어 로에의 속박에서 벗어나 물 쓰는 곳의 설비가 〈존슨 취향〉의 원통형으로 되돌아오게 되었다. 가구 배치나 설비 레이아웃은 현장과 미묘하게 다른 부분이 있지만 주방도 부활했고 원룸 가운데 거실, 식당, 주방, 침실, 물 쓰는 곳, 서재가 훌륭한 밸런스로 배치되어 있는 아름다운 주택이 탄생했다. 필립 존슨 씨, 수고하셨습니다!

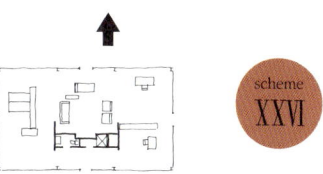

물 쓰는 곳의 설비가 정면에 배치되어 있는 부분이 〈판스워드 주택〉과 흡사하다. 정면 설비가 거실과 입구홀을 구획 짓고 있다. 건물은 XI과 같은 크기로, 계곡을 바라보며 왼쪽이 침실, 중앙이 거실, 오른쪽이 서재 코너로 3분할되어 있다. 이 설계안에서는 주방과 식당이 없어져 버렸다. 주목할 부분은 설계안 X~XII에서는 유리 바깥쪽에 있던 H빔 기둥이 어느새 유리 안쪽으로 들어와 있다는 것이다.

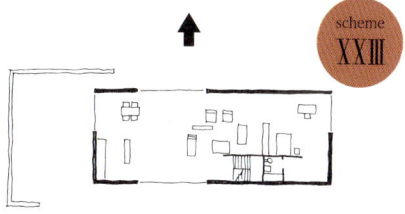

바로 앞의 설계안을 진전시켜 가구까지 배치시켜 보며 구체적인 기능성을 찾고 있는 설계안. 이 설계안에서도 지하에 기계실을 설치할 모양이었는지 계단이 그려져 있다.

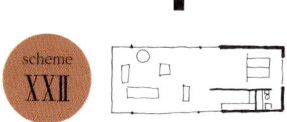

하지만 미스 반 데어 로에도 좋아하는 존슨은 1934년 미스 반 데어 로에의 〈힐 사이드 하우스〉 스케치를 그대로 흉내 내어 설계안을 만들었다. 유리로 둘러싸인 주택 부분과 벽돌로 둘러싸인 침실 부분이 일체화되었다. 100평방미터 조금 안 되는 바닥 면적으로, 27개의 설계안 중에서 가장 작은 집이다.

브릭 하우스 Brick House

〈브릭 하우스〉가 완성된 때는 글라스 하우스가 완성된 때와 같은 해인 1949년입니다.

같은 시기에 두 건물의 설계가 병행되면서 서로 잇달아 완성되게 됩니다. 이 사실을 그의 연보를 통해 알고 있었던 저는 오랫동안 글라스 하우스가 먼저 완성된 후 브릭 하우스가 완성되었다고만 생각하고 있었지요. 그러나 실제로는 브릭 하우스가 수개월 전에 먼저 완성되었습니다.

브릭 하우스 쪽을 먼저 짓게 된 데에는 이유가 있었습니다. 글라스 하우스의 벽돌 바닥에는 온수를 이용한 바닥 난방을 설치해야 했는데, 보일러와 순환펌프 등 설비기계와 부품을 위한 기계실이 글라스 하우스가 아닌 브릭 하우스의 지하실에 있기 때문입니다. 즉 두 건물이 하나의 기계실을 공용으로 사용하고 있기 때문에 순서적으로 봤을 때 주택의 심장부인 기계실이 있는 건물부터 공사를 시작할 수밖에 없었던 것입니다. 존슨은 "브릭 하우스가 없었다면 글라스 하우스에서 사는 일은 힘들었을 것이다."라는 말을 자주 했다고 합니다. 이는 단순히 〈유리로 되어 있어 밖에서 전부 들여다보이는지라 차분하게 살 수 없기 때문에〉라는 의미뿐만 아니라 설비적인 면에서도 그럴 수밖에 없었다라는 의미인 것이지요.

같은 시기에 두 건물의 설계가 동시에 진행되었지만 아무래도 당시의 존슨은 글라스 하우스 쪽으로 마음이 기울었던 모양입니다. 브릭 하우스는 외관은 물론 내부까지도 극히 담백한 모습으로, "뭐, 일단 이 정도 느낌으로만 해두자."라는 마음으로 설계된 듯 보입니다. (이는 존슨

〈글라스 하우스〉에서 〈브릭 하우스〉를 바라봅니다. 〈브릭 하우스〉에서 튕겨 나온 길이 비스듬히 엇갈리며 〈글라스 하우스〉를 향해 달려오고 있네요.

방문자의 시선은 〈브릭 하우스〉로 갔다가 〈글라스 하우스〉로 향하지요. 그 시선의 궤적 그대로를 보도로 만들어 잔디로 나누어 두었습니다.

일명 〈벽돌집〉인 〈브릭 하우스〉는 실제로는 목재로 지어졌습니다.

이 인터뷰에서 스스로 밝힌 이야기이기도 합니다.) 이때 이미 존슨의 마음 속에는 "내부는 언젠가 제대로 고민해서 고치면 된다."는 생각이 있었다고 여겨집니다. 그리고 브릭 하우스가 완성된 지 4년 후 그 〈언젠가〉가 드디어 찾아오게 되지요. 그렇게 1953년 브릭 하우스는 전면적인 내부 보수공사를 진행하게 되면서 현재의 모습으로 안착하게 됩니다.

처음 완성된 당시 브릭 하우스는 두 개의 손님용 침실이 정중앙의

필립 존슨 252

거실을 끼고 좌우대칭으로 배치되어 있는 공간 구성이었습니다. 그리고 이 세 개의 공간에는 각각 둥근 창이 설치되어 있는데, 이는 르네상스 건축의 걸작으로 명망 높은 피렌체 대성당에서 힌트를 얻은 것이지요. 둥근 창이 약간 의외라고 생각될 수도 있지만, 이는 직사각형의 벽돌 입면에 직사각형의 창을 만듦으로써 생겨나는 직사각형들끼리의 충돌을 피하기 위한 것이었다고 합니다. 직사각형들끼리의 충돌에 의해 벽면의 연속성이 손상되는 것을 피하기 위해서였던 것이지요. 여기서 주목해야 할 점은 이러한 문제에 직면했을 때의 존슨의 태도로, 그는 자기 머릿속 서랍에 들어 있는 동서고금의 건축물과 회화의 훌륭한 사례를 떠올려 그것을 자신의 작품에 주저 없이(오히려 적극적으로) 도입하는 건축가였다는 점입니다. 이러한 것을 〈인용〉이라고 부르는데, 1953년의 보수작업을 통해 다시 태어난 브릭 하우스는 20세기 건축에 있어 〈인용〉의 선구자적인 작품인 동시에 기념비적인 작품이 되었습니다.

후에 존슨은 브릭 하우스의 보수에 대해 "모더니즘 건축을 향한 내 자신의 최초의

벽돌벽의 뒷부분에는 피렌체의 성당에서 차용한 둥근 창이 줄지어 있습니다.

둥근 창을 내부에서 봅니다. 고정창으로 보이는 이 둥근 창이 사실은 가로축으로 회전한다는 것을 알고 너무 놀랐지요. 게다가 심지어 나무로 된 새시였더라구요.

반항이었다."라고 썼는데, 이 문장을 통해 존슨이 브릭 하우스의 보수에 얼마나 많은 의욕과 각오를 다졌는지 엿볼 수 있지요.

보수의 가장 큰 목적은 뉴캐넌으로 초대한 지인들에게 잠자리를 제공하고, 가끔씩 존슨 자신도 손님과 함께 시간을 보낼 수 있는 침실(게이인 존슨은 평생 독신을 고집했지요.)을 쾌락적이면서도 로맨틱한 분위기로 만들어내고자 하는 것이었습니다. 그 전까지의 게스트룸은 모던 디자인으로 통일되어 있어 호텔방과 그다지 다르지 않은 〈건전한〉 분위기였습니다. 그러나 존슨은 보수를 통해 〈은밀한〉 분위기가 넘실대는 관능적인 방으로 변신시켰지요. 구체적으로 살펴보면, 처음 설계시 세 개가 나란히 있던 방 중 두 개의 방을 터서 넉넉한 넓이의 침실로 만들었고 나머지 하나의 공간은 거실 겸 서재로 만들었습니다. 보수공사에서 눈여겨볼 부분은 존슨이 심혈을 기울여 디자인한 침실로, 핑크 룸이라 불리는 곳입니다.

침실 문을 열고 들어가면 창문 없는 동굴 같은 공간이 기다리고 있습니다. (실제로는 둥근 창문이 있지만 커튼에 가려 숨겨져 있지요.) 황혼녘을 연상시키는 어슴푸레한 방 안에 두 개가 한 세트, 세 개가 한 세트로 된 가느다란 기둥이 벽 쪽으로 나란히 서 있는 것이 눈에 들어옵니

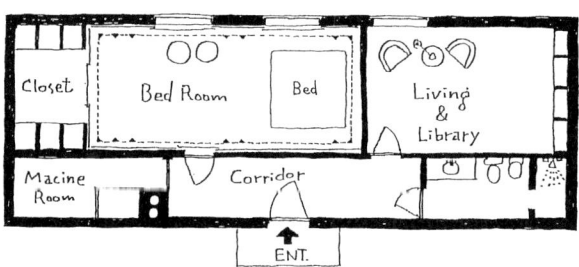

다. 잘 보면 그 기둥은 벽에서 약간 떨어져 있는 자리에 세워져 있고 상부의 아치와 돔을 받치고 있는 것을 알 수 있습니다. 즉, 방 안쪽에 돔이 있는 또 하나의 공간이 만들어져 있는 것이지요. 결국 돔은 두 개가 있는 셈인데, 하나는 침대의 상부를 가볍게 감싸고 있어 〈천개〉(天蓋, 왕궁의 옥좌나 사찰 등의 천장에 설치되어 있는 가림대 형식의 조형물)의 형식을 취하고 있습니다.

"곡면 안에 있으면, 마치 요람이 정신을 달래주는 듯하다."고 존슨은 말합니다. 하얀색 돔과 기둥은 석고와 비슷한 소재로 매끄럽고 우아하게 마감되어 있고, 정면 벽 이외의 벽면은 두꺼운 천으로 된 스크린으로 둘러싸여 있습니다. 섬세한 직물 모양이 있는 옅은 핑크 베이지색의 스크린이지요. 금사와 은사가 직조되어 있기 때문에 보기에 따라서는 품질 좋은 실크처럼 보이기도 하는 이 스크린은 좌우 슬라이드로 개폐가 가능하고 완전한 차광도 가능하도록 만들어졌기 때문에 커튼이라기보다는 〈천으로 된 창호〉라 보는 편이 더 나을 것입니다. 입구

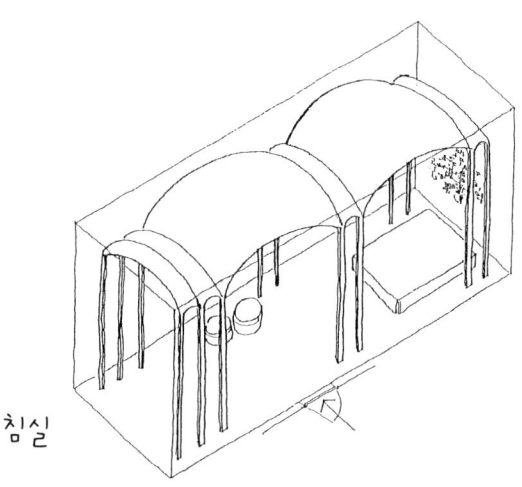

침실

주변을 돌아가며 천으로 감싸져 있는 침실. 누에고치 내부와도 같은 정적에 휩싸여 있습니다. 실크로 된 금사와 은사를 섞어서 짠 얇은 핑크색 천 표면으로 부드러운 빛이 흘러내리고 있네요.

의 출입문도 세심하게 공을 들여 이 슬라이드 스크린으로 가릴 수 있도록 되어 있습니다.

존슨은 또 조명에 특별한 애착을 가진 건축가였습니다. 브릭 하우스의 조명을 위해 딕 케리라는 조명 디자이너를 채용하여 조명 설치에 공을 들입니다. 전체 조명은 밝기 조절 장치가 붙은 간접조명으로 하여 벽면과 돔 사이에 설치된 광원에서 실크 스크린을 따라 흘러내리는 부드러운 빛이 침실 안 전체를 안락한 분위기로 감쌀 수 있도록 디자인되어 있습니다. 브릭 하우스 침실의 조명 연출은 시각적이라기보다는 피부감각을 통해 전해지는 촉각적인 것이란 느낌이 들었습니다.

천으로 만든 스크린에 의한 방음효과와 조명의 연출효과가 서로 상호작용을 일으켜 침실은 어머니의 태내처럼 따스하고 누에고치 속처럼 고요합니다. 침대 주변으로는 침실의 소가구인 헤드보드와 사이드 테이블은 물론 독서 스탠드마저 없습니다. 그저 침대만 상징적으로 놓여 있기 때문에 어딘가 제단이나 예배당과도 같은 분위기가 엿보입니다. 더구나 브릭 하우스의 침실을 위해 특별 제작된 철제 부조 조각이 침대 머리맡 벽에 설치되어 있어 종교적인 분위기를 한층 더 북돋우고 있습니다.

건축에는 〈인용〉이라는 표현방식이 있다고 앞서 말씀 드렸지요. 사실 존슨은 역사적인 건축물 중에서 자신이 좋아하는 형태를 차용한 후 거리낌 없이 자신의 작품에 도입했고, 그 사실을 노골적으로 퍼뜨려 20세기 중반의 건축계에 도발적인 파문을 일으켰습니다.

브릭 하우스 침실 안에 가느다란 기둥으로 받친 아치와 돔을 〈상자 속 상자〉의 형태로 만든 것은 존 손 경Sir. John Soane 자택 식당의 돔 형태 천장을 인용한 것입니다. 존 손 경의 자택은 1913년 런던 시내에 지어진 주택이었지요. 존 손은 영국은행 본점을 설계한 건축가로, 〈경〉이라는 칭호가 붙을 정도의 인물이었기 때문에 꽤나 거물이었습니다. 또한 존 손은 편집광적인 컬렉터로, 수집품을 집 안 가득 비좁을 정도로 늘어놓고 그 안에서 생활하던 특이한 인물이기도 했구요. 필립 존슨은 존 손이라는 건축가에게서 자신과 비슷한 부류의 사람이라는 냄새를 맡고 그에게 특별한 친근감을 품었던 모양입니다. (〈존슨〉이라는 자신의 이름을 〈존 손〉으로 바꿔 사용하기도 하며 즐거워했다고 합니다.) 그는 그야말로 존 손의 자택에서 막대한 영향을 받았습니다.

마지막으로, 또 하나 흥미로웠던 부분에 대한 이야기입니다.

천창에서 빛이 쏟아져 들어오는 욕실과 화장실. 내부는 금색 줄무늬의 검은 대리석과 이탈리아산 비앙코 카라라 흰색 대리석을 사용해 귀족적 분위기로 마감되어 있습니다.

　이 건물이 브릭 하우스(벽돌집)로 불리고 있지만, 사실 이 건물은 벽돌 구조가 아니라 목조의 건물을 벽돌로 마무리한 건물입니다. 즉 벽돌은 그저 하나의 외관일 뿐이지요. 금속처럼 보이는 문틀과 뒤쪽의 둥근 창틀도 자세히 보면 전부 목재이고 페인트칠로 마감되어 있습니다. 필립 존슨의 스승 격인 미스 반 데어 로에는 글라스 하우스의 지붕 또한 목조라는 사실을 알게 되자 "모더니즘 건축에 대한 배신이다!"라며 격노했다고 하는데, 존슨은 그런 말 따위는 전혀 안중에 없었던 모양입니다. 그런 의미에서 존슨은 건축의 상식과 암묵적인 약속 따위에는 조금도 개의치 않았던 자유인이었습니다. 카멜레온처럼 건축적 스타일을 바꿔갔던 존슨의 건축 인생은 그 무엇에도 얽매이지 않았던 자유분방한 정신에 의해 뒷받침되어 갔던 것이라 생각되네요.

파빌리온 Pavilion

필립 존슨이 뉴캐넌에 세 번째로 세운 건물인 〈파빌리온〉은 모던한 건축이라고도, 정통적인 건축이라고도 말하기 어려운 것입니다. 브릭 하우스 안에 만들어진 아치형 돔과 마찬가지로, 이 작은 건물 안에는 〈모더니즘으로부터의 일탈〉이라는 기운이 감돌고 있지요. 그리고 그 일탈의 등 뒤에서 그만의 독특한 연극적인 분위기와 장난기가 얼굴을 쏙 내밀고 있습니다.

글라스 하우스를 등 뒤로 하고 파빌리온으로 향하는 내리막길을 걷기 시작한 때부터, 어쩐지 저는 모르는 땅을 헤매다 그곳으로 불현듯 들어온 낯선 여행객의 기분에 젖어들었습니다. 꼬불꼬불한 비탈길을 천천히 내려와 실개천에 걸쳐진 작은 다리를 건너자마자 저는 오솔길을 벗어나 초지 쪽으로 걷기 시작했습니다. 길을 벗어나 여름풀이 무성한 초지로 들어가 걷기 시작한 것은 내리막길을 내려가던 도중 오후의 햇살에 반짝이던 수면이 나무 사이로 보였고 그것에 마음을 빼앗겼기 때문이지요. 풀냄새를 맡으며 앞으로 나아가자 풍경은 점점 더 크게 열렸고 숲으로 둘러싸인 초지를 내려다보는 장소가 눈앞에 나타났습니다. 초지 가운데쯤 연못이 있고, 연못가에는 줄기둥과 연속 아치로 구성된 〈정자亭子〉가 흡사 잊혀진 것 같은 분위기로 조용히 서 있었습니다. 그곳은 제 눈에는 마치 궁전의 폐허처럼 보였습니다.

지금에 와서 생각해보니 그때 저는 존슨이 만들어둔 〈함정〉에 완전히 걸려들었던 것 같습니다. 파빌리온을 통해 존슨이 하고자 했던 것은 두 가지입니다. 첫째는 본래 사이즈가 아닌 축소된 사이즈로 만듦으로써 건물이 실제보다 크게 혹은 작게 느껴지도록 하는 것. 또 하나

〈파빌리온〉 전경입니다. 직접 연못을 파서 그 안에 지은 정자로, 이 건물을 계기로 존슨은 모더니즘 건축과 결별선언을 하게 되지요.

는 이런 것을 통해 건물을 바라보거나 방문하는 사람을 현실과는 동떨어진 동화의 세계, 혹은 〈몽상의 세계〉로 끌어들이는 것입니다. 존슨은 〈진짜 사이즈, 가짜 사이즈〉라는 제목으로 이 파빌리온에 대해 쓰기도 했는데, 그 첫머리는 "남자아이는 나무 위 오두막집을 꿈꾸고, 여자아이는 인형의 집을 꿈꾼다."라는 명언으로 시작되고 있습니다. 〈나무 위 오두막집〉과 〈인형의 집〉에 대한 공감, 역사적인 건축물을 향한 애정, 그리고 건축적인 장난기로부터 태어나 백로처럼 가볍게 연못에 내려앉은 것이 바로 이 파빌리온이었던 것이지요.

　존슨 역시 자신이 만들어둔 함정에 스스로 빠지는 것을 진심으로 즐겼던 것 같습니다. 열 맞춰 선 기둥으로 둘러싸인 공간에 살롱, 도서실, 부인실 등 우아한 이름을 붙여두었던 것도 그렇고, 샌드위치와 와인을 들고 와서 이곳에서 피크닉을 즐겼다는 에피소드에서도 그 사실을 잘 알 수 있습니다. 이제 더 이상은 흔적도 남아 있지 않지만 천장이 금박으로 덮여 있었다고 하니 베네치아의 궁전과도 같은 분위기가 그 당시에는 얼마나 진했을지 상상이 됩니다.

　18세기 이탈리아의 조경에서 막대한 영향과 자극을 받았다고 공언하기도 한 존슨은 "미국식 조경이라는 것은 그저 넓기만 해서 지루하다."는 이유로 글라스 하우스 아래쪽 초지에 일단 연못부터 만듭니다. 다행히 부지 안에 작은 개천이 흘러들어오고 있었기 때문에 그 물을 끌어들여 보막이를 하는 것으로 적당한 크기의 연못을 만들 수 있었지요. 그리고 완성된 연못을 바라보는 동안 이것만으로는 부족하다고 느낀 존슨은 연못가에 정자(파빌리온)를 짓게 됩니다. 그럼에도 아직 부족하다고 느낀 존슨은 연못 한가운데에 수직으로 36미터나 솟아오르는 분수까지 만들게 됩니다. 이러한 발상의 근저에서 엿볼 수 있는 것은, 부지 전체를 〈집 밖의 방〉이라 생각하는 랜드스케이프 건축가로서의 그의 자세와 건축 방식입니다. 존슨에게 연못을 파고 파빌리온을 만드는 일은 심혈을 기울여 고른 그림을 그것에 어울리는 액자에 끼워 〈바로 여기다〉 싶은 벽에 걸어두고 즐기는 일과 마찬가지였던 것이지요.

이 시기부터 존슨은 아치를 주제로 한 건물에 빠져들게 되었으며, 동시에 이 파빌리온을 통해 모더니즘 건축에 확실한 결별선언을 한 것이나 다름없었습니다.

그림 갤러리 Painting Gallery

필립 존슨은 모던 아트 쪽에서는 유명한 컬렉터였습니다.

그는 20대 때 부친으로부터 한평생 우아하게 즐기며 살아도 될 만큼의 재산을 물려받았고, 마흔이 넘어 건축계에 뛰어들자마자 미국을 대표하는 잘 나가는 건축가가 되었습니다. 명성은 물론 경제적으로도 대성공을 거둔 존슨은 차고 넘치는 재력의 힘으로 재스퍼 존스, 앤디 워홀, 로버트 라우센버그, 프랭크 스텔라, 빌럼 데 쿠닝은 물론, 작품이 재미있고 마음에 든다면 유명과 무명을 따지지 않고 고민 없이 금전에 개의치 않고 호기롭게 그림을 사 모았습니다. 간단히 말하자면, 모던 아트의 이해자인 동시에 평론가였으며, 컬렉터였고, 후원자였던 것이지요.

그렇게 사 모은 컬렉션이 늘어나게 되자 당연히 그 작품을 전시하고

〈그림 갤러리〉는 네잎클로버 모양으로 봉긋하게 돋우어 만든 보루 속에 묻혀 있어 고대의 분묘 건축을 향한 오마주가 되고 있습니다.

보관할 공간이 필요해졌습니다. 글라스 하우스에는 그림을 걸어둘 벽이 없고, 브릭 하우스에는 걸 수 있는 그림의 숫자와 크기가 한정되어 있습니다. 그러므로 뉴캐넌에 있는 〈그림 갤러리〉는 이른바 필요에 의해 세워진 건물이었습니다. 〈세워진〉 건물이라고 썼지만 사실은 〈땅속에 묻힌〉 건물이라고 써야 맞습니다. 왜냐하면 흙으로 쌓은 보루 깊은 곳에 건물이 묻혀 있기 때문이지요. 일부러 흙 속에 묻은 이유에 대해 존슨은, 글라스 하우스와 브릭 하우스 근처에 눈에 띄는 건물을 짓고 싶지 않았다는 것과 자외선으로부터 그림을 보호하기 위해서였다는 이야기를 합니다. 이 갤러리의 건축적인 아이디어는 분명 고대의 봉분에서 유래된 것으로 보입니다. 동서고금에 상관없이 다양한 장르의 건축에 흥미를 품고 그것으로부터 탐욕스럽게 건축을 배운 존슨은, 그림 갤러리를 짓는 것을 계기로 이 건축물을 봉분건축에 대한 오마주로 삼았던 것이라 보여집니다.

이런 사실을 뒷받침하듯, 존슨 자신은 그리스 펠로폰네소스 반도에 있는 〈아트레우스의 보고〉(그리스 미케네의 성 밖에 있는 지하 궁륭식 분묘)를 인용하며 갤러리에 대해 말하고 있습니다. 작은 산을 갈라 설치한 접근로와 입구 주변의 분위기가 〈아트레우스의 보고〉와 닮은 점이 있다는 것은 분명합니다. 그러나 비슷한 것은 거기까지로, 갤러리 내부에는 〈아트레우스의 보고〉와는 다른, 존슨이 자랑스러워하는 자신만의 취향이 우리를 기다리고 있습니다.

어느 책을 통해 존슨은, 미술관에서 많은 그림을 보는 것은 피곤한 일이라는 말을 합니다. 그런 의미에서 심혈을 기울여 고른 두루마리 그림 하나만을 걸어두는 감상 스타일이 옳다고 평가한 후, 자신이 고안한 획기적인 회화 감상과 전시 (그리고 보관) 아이디어에 대해 이야기합니다. 관광지 기념품 가게에서 그림엽서를 진열하는 스탠드식 가판 회전 진열대에서 힌트를 얻은 것으로, 존슨이 〈포스트카드 락 시스템 postcard rack system〉이라 부르는 전시 스타일이지요. 그림엽서를 넘겨가며 보는 스탠드식 가판 회전 진열대를 그대로 확대시켜 자신의 갤러리에 과감하게 채용한 것입니다.

그림을 넘겨가며 감상하는 전시 시스템을 위해 그가 참고한 또 하나의 사례가 있습니다. 앞쪽의 브릭 하우스 편에서 등장한 존 손 저택이 바로 그것으로, 식당에서 돔의 힌트를 얻은 것과 마찬가지로 회화의 전시 방법에 대한 힌트도 존 손 저택에서 가져오게 됩니다.

존 손 저택에는 벽 속에 끼워 넣은 문 양면에 그림이 걸려 있어 수직

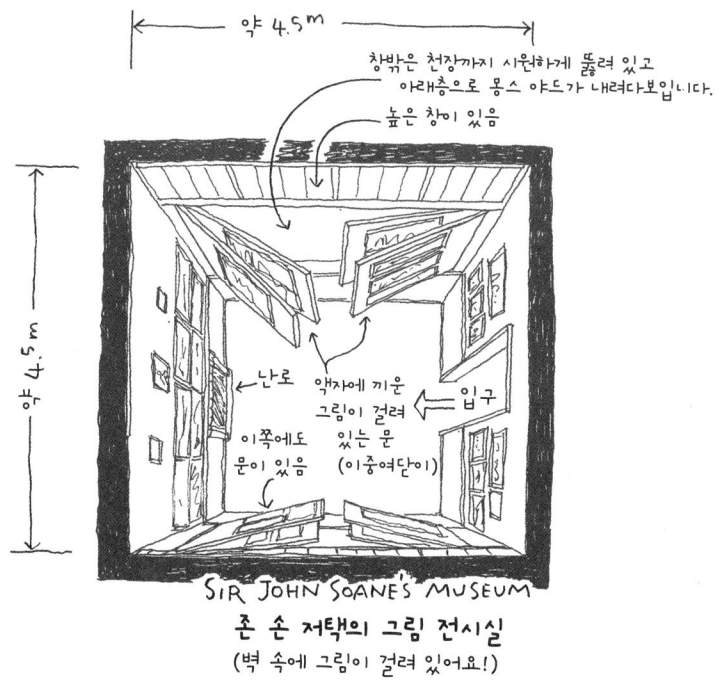

존 손 저택의 그림 전시실
(벽 속에 그림이 걸려 있어요!)

으로 세워둔 대형 화집의 페이지를 넘기듯 그 문을 넘겨가며 감상하도록 되어 있습니다. 교회의 제단화처럼 문의 앞뒤에 그림이 걸려 있지만, 제단화와 달리 문이 여러 겹으로 겹쳐져 있다는 부분에 존 손 저택만의 특징이 있지요. 때문에 장소를 차지하지 않으면서도 많은 그림의 보관과 감상이 동시에 가능한 구조로 되어 있습니다. 그러나 이 구조에서는 그림을 넘기기 시작하는 시작점과 끝나는 지점이 있어 계속해서 그림을 넘겨볼 수 없다는 결점이 있습니다. 그러나 필립 존슨은 그림 갤러리에서 이러한 문제를 산뜻하게 해결했지요.

필립 존슨은 그림을 전시하는 대형 패널이 원주 주변을 360도 회전하도록 만들었습니다. 패널은 수동식으로, 패널 양면에 전시되어 있는

필립 존슨이 만든 건축물 중에서 최고의 작품 중 하나로 손꼽히는 〈그림 갤러리〉 내부. 그림 전시 패널은 수동식으로 360도 회전합니다. 그림을 감상하는 사람이 힘들게 이동해가며 보는 대신, 같은 자리에서 패널만 회전시키며 보는 방법이죠. 화재의 현장에서 건축 아이디어를 떠올리더니, 기념품 가게에 놓여 있는 간판 진열대에서도 이런 아이디어를 가져오는군요.

그림 중 보고 싶은 그림이 나올 때까지 빙글빙글 돌리면 됩니다. 시험 삼아 저도 돌려보았지요. 천장에 매달려 내려와 있는 커다란 패널이 웅웅거리며 내는 위엄 있는 소리나 두꺼운 카펫으로 감싸져 있는 묵직한 무게에 비해서는 김이 빠질 정도로 가볍게 작동했기 때문에 그림을 넘겨보는 것이 무척이나 쉬웠습니다.

그림 갤러리에는 작품의 크기에 맞춰 대, 중, 소 세 가지 크기의 패널 회전판이 준비되어 있습니다. 가장 큰 회전판에는 12장의 패널이, 중간 회전판에는 10장의 패널이, 가장 작은 회전판에는 7장의 패널이 설치되어 있습니다. 패널 양면에 그림을 걸 수 있으므로 한 장의 패널에 두 작품씩만 계산해도 58점의 작품을 보관할 수 있고 한 번에 6장의 그림을 감상할 수 있지요.

각각의 패널이 서로 부딪치지 않고 회전할 수 있도록 공간이 구성되어 있으며, 또한 패널의 회전 궤도가 건물의 형태를 결정했다고 볼 수

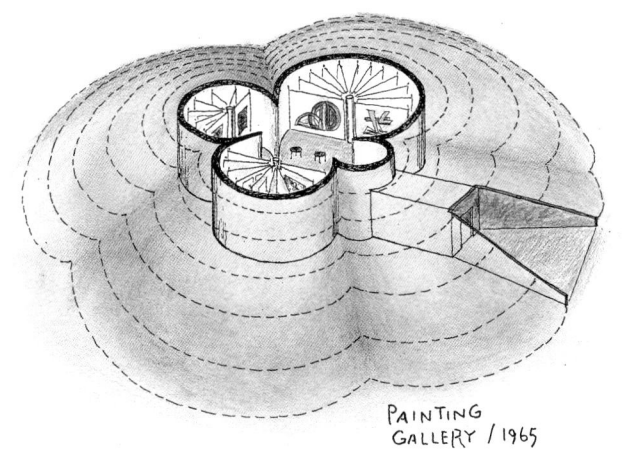
PAINTING GALLERY / 1965

있습니다. 평면을 구체적으로 살펴보면 직경이 서로 다른 네 개의 원을 모아 붙여둔 클로버 형태로, 전시 공간을 클로버의 〈잎〉 부분이라고 한다면, 〈줄기〉에 해당하는 부분에 입구홀이 붙어 있습니다. 회화의 획기적인 전시 시스템이 그대로 바닥면에 투영되면서 획기적인 평면을 가진 갤러리의 걸작이 탄생된 것이지요.

1962년의 강연에서 존슨은 "건축가는 비실용적인 건물, 혹은 실용적인 것에 전면적으로 대항하는 듯한 건축물로 최상의 작품을 만드는 사람이다."라는 말을 합니다. 그리고 그 강연에서 겨우 3년 후, 존슨은 자신의 생애 동안 만든 건축물 중 최고의 작품 하나를 완성하게 됩니다.

조각 갤러리 Sculpture Gallery

"자, 이제 어떻게 할 것인가?" 존슨은 생각합니다.

자랑스러운 자신의 회화 컬렉션이 그림 갤러리 안에 정리되었으니 어느 정도 마음은 일단락되었지만, 이제는 조각작품들을 전시하고 보관할 장소의 문제가 새롭게 부상하게 된 것이지요. 그림 갤러리의 중앙홀이 제법 넓기는 하지만 이 공간은 패널을 회전시키기 위해 필요한 공간으로, 조각작품을 놓아둘 여유는 없었습니다.

"그렇다면 또 하나 짓는 수밖에 없겠군!"

건축 일을 좋아하는 존슨이기는 했지만, 건물을 만들기 위한 정당한 이유(대의명분?)가 생겼으니 아마 조금은 더 즐거웠을 테지요. 빙그레 미소 짓는 존슨의 얼굴이 눈앞에 떠오르는 듯하네요. 게다가 급한 성격의 존슨이었으니 조각 갤러리의 설계를 서둘러 착수했음이 틀림없습니다. 늘 그랬듯 재빠르게 몇 개의 설계안을 만들어 비교 검토한 후 최종안에 다다르게 됩니다.

실제로 만들어진 최종 설계안은 오각형의 메인홀 네 군데에 점차 높이가 낮아지는 전시 플로어를 만든 공간 구성입니다. 소용돌이처럼 만들어진 공간을 내려가면서 각 플로어의 조각 작품을 감상하는 구성이지요. 이 공간 구성 속에는 필립 존슨이 자신의 건축을 말할 때 차용하는 〈프로세션procession〉이라는 개념이 포함되어 있습니다. 프로세션은 〈과정〉 혹은 〈여정〉이라는 말로 번역할 수 있는데, 간단히 말해 공간을 이동하는 동안 변해가는 신(scene, 장면)에 대한 것이자, 공간 이동이 사람의 오감에 작용하는 효과나, 이동을 통해 마음속에서 일어나는 감정을 가리키는 말입니다. 설계를 할 때 가장 중요한 점에 대해 존슨은, "머릿속의 건축물을 몇 번이고 반복해서 걸어보는 것"이라고 말합니다. 그리고 끊임없이 자신에게 질문을 합니다.

"조금 서성거려 보았던 저 구석에서 좋은 느낌을 받았던가? 머리 위에 무엇이 있었지? 저기 저 끝까지 거리가 얼마나 되었지? 뒤돌아봤을 때 무엇이 있을까? 공간의 열리고 닫힌 정도나 수직성과 수평성에서 우울한 느낌은 없었나? 공간이 사람의 기분을 좋아지게 만들고 있나?"

그리고 이 모든 질문 위에 또 하나의 질문이 다가옵니다.

"그것은 아름다운가?"라고 말이지요.

존슨이 프로세션에 대해 설명할 때 실례로 자주 언급하던 것이 바로 이 조각 갤러리였습니다. 존슨은 프로세션을 통해 건축물을 맛보는 것에 대해 설명하기 위해 멀리서 바라본 조각 갤러리의 원경에서부터 이

금속제 무지개다리를 건너 100미터 정도 이어지는 단풍나무 숲길을 산책하며 〈조각 갤러리〉로 접근합니다.

야기를 시작합니다. 작은 개천에 부드러운 원호를 그리며 걸려 있는 무지개다리를 건너서, 정면에 있는 조각 갤러리를 바라보며 일직선으로 뻗어 있는 단풍나무 숲길을 걷는 즐거움에 대해 이야기하고, 그 길을 걸으며 고조되는 건축물에 대한 기대감을 이야기하고, 그림 갤러리의 언덕이 점차 오른쪽으로 가까워진다고 생각할 때쯤 어느샌가 등 뒤로 그 모습이 사라져가는 것에 대해서 이야기합니다. 그리고 에게해에 떠

필립 존슨 270

있는 여러 섬들의 취락과 스페인의 민가에서 힌트를 얻었다고 하는 하얀 기와 건물 내부로 당신을 서서히 끌어들입니다.

여기서부터는 뛰어난 화술을 지닌 그의 독무대입니다. 천장까지 시원하게 뚫린 공간 밑으로 펼쳐지는 오각형의 공간, 그리고 왼쪽으로 굽어 내려가며 주 공간으로 향하는 계단에 대해 이야기하고, 층계참에 마련된 전시 공간에 진열된 작품에 대해 이야기하고, 전면 유리 지붕에서 눈부시게 들어오는 햇살과 그 햇살이 만들어내는 강철 서까래의 규칙적인 줄무늬 그림자에 대해 이야기합니다. 그리고 이러한 건축물 내부의 여정에 대해 강아지를 주인공으로 내세워 이야기하기도 합니다. 실내로 들어온 강아지가 킁킁 냄새를 맡으며 오각형 건물 안을 이리저리 빙글빙글 돌아다니다가, 결국엔 배수구로 빨려 들어가는 물처럼, 동그랗게 몸을 만 자세로 가만히 엎드려 눕는 느낌에 견준 이야기이지요. 존슨은 언어의 정확한 선택과 훌륭한 표현력에 있어서 달인의 경지에 이른 사람이었습니다. 그 중에서도 저는 이 강아지의 우화를 정말 좋아해서 언제 읽어도, 또 몇 번을 읽더라도 어느새 무릎을 치게 됩니다.

그런 까닭에 저는 이 조각 갤러리에 들어올 때마다 강아지가 된 기분으로 둘러봅니다. 그렇게 둘러보다 보면 방사형으로 소용돌이치며 내려가는 동안 공간의 표정이 시시때때로 변하는 모습을 목격할 수 있으며, 몸 전체로 그 즐거움을 맛볼 수 있습니다. 약간의 과장을 더한다면 한 걸음 걸을 때마다, 계단 한 단을 내려갈 때마다 전혀 새로운 시계가 눈으로 달려듭니다. 시선이 먼저 소용돌이를 따라 내려가고, 그 시선에게서 버려진 몸과 마음이 서둘러 쫓아가는 것 같은 기묘한 체험을 하게 되기도 합니다. 그리고 이러한 것을 통해 발생하는 시점의 변화가 조각작품을 공간적이며 입체적으로 감상하는 데 있어 얼마나 효

방문자의 산책은 〈조각 갤러리〉 내부에 들어서서도 계속되지요. 발걸음은 직선에서 반시계 방향으로 변화하고 나선형으로 돌아 아래로 내려가게 됩니다.

서로 다른 높이의 단에 다섯 개의 전시 공간이 있고 벽돌이 깔린 통로로 각 공간은 연결됩니다.

가장 아랫단에 있는 전시 공간. 땅속으로 들어가 있어 이 갤러리 중에서 유일하게 시원하고 어둑한 동굴 분위기가 납니다.

과적인가에 대해 새삼 깨닫게 됩니다.

마지막으로 다음 페이지에 나오는 조각 갤러리의 모형 사진을 봐주시기 바랍니다. 입구홀 오른쪽과 정면, 왼쪽 아래로 단의 차이에 변화를 주며 전개되는 전시 공간이 마치 풍차의 날개처럼 보이지 않으십니까? 그렇습니다. 필립 존슨의 조각 갤러리는 구상의 단계에서부터 이미 곡선을 따라 돌아가게끔 운명 지어져 있던 건물이었습니다.

〈조각 갤러리〉의 평면과 공간 구성을 이해하기 위해 모형을 만들어 보았습니다. 풍차형의 변형 평면에 외쪽지붕(한쪽으로만 기울게 만든 지붕) 두 장이 서로 마주보게 걸려 있습니다.

서재 Library

1965년에 그림 갤러리를 완성하고, 1970년에 조각 갤러리를 완성하는 것으로 필립 존슨의 건축열이 조금은 식은 것처럼 보입니다. 그 이후로 10년 동안 뉴캐년 부지 안에서 공사장의 망치소리가 울리는 일이 없었으니까요.

그렇다고 공백으로 보이는 이 시기에 존슨이 아무 일도 하지 않고 보낸 것은 아니었습니다. 파트너인 데이비드 휘트니의 집을 짓기 위한 계획을 추진하고 있었고, 이 계획을 위해 글라스 하우스의 남쪽 토지를 구입하기도 했습니다. 새롭게 손에 넣은 땅이 존슨의 건축 취미를 펼칠 무대가 되어가기 시작하던 것도 바로 이때(1980년) 즈음이었습니다.

하지만 이런저런 일이 있는 동안 존슨의 마음이 바뀌었고 새로운 부지에는 〈서재〉가 세워지게 됩니다. 존슨의 말을 빌려본다면, 글라스 하우스에도 서재 코너가 있지만 그곳에서 바라보는 풍경이 사계절 언제 어디를 보아도 깜짝 놀랄 정도로 너무나 아름답고, 다람쥐나 작은 새 등 사랑스러운 방문자들이 수시로 찾아오기 때문에 "집중이 안 되어 도무지 일을 할 수 없다."는, 정말이지 사치스러운 불만을 토로하고 있습니다. 그런 까닭에 무엇에도 방해받지 않고 일에 몰두할 수 있는 작업실과 건축 관계 서적을 한데 모아 보관할 서재가 필요하게 되었다고 합니다. 그러나 제가 보기에 그것은 그저 표면적인 이유로, 무엇이든 좋으니 새로운 건물을 만들어보고 싶어졌다는 것이 진짜 이유였다고 생각됩니다.

조각적인 형태를 한 서재는 존슨이 풀밭이라고 부르던 넓은 초지 한가운데에 세워졌습니다. 보기에 따라서는 세워졌다기보다 어딘가에서 가져와 그곳에 놓아둔 것 같은 분위기입니다. 파빌리온 이후 뉴캐넌에 세워진 모든 건물은 지금까지 거의 본 적이 없는 형태를 하고 있는데, 이 서재 역시 예외는 아니었지요. 그 특징적인 형태에 대해 존슨은 이탈리아 알베로벨로의 민가로부터 힌트를 얻었다고 말합니다. 그리고 동시에 이슬람 모스크(이슬람교의 예배당)와의 유사점에 대해서도 넌지시 암시하고 있습니다. 난로 굴뚝이 이슬람 사원의 첨탑이며, 원추형의 형태가 사원의 돔이라는 것이지요. 지금의 서재 바닥에는 자주색을 기조로 한 격자무늬의 양탄자가 깔려 있습니다만, 완성 당시에는 모스크 바닥에 깔려 있는 것과 같은 아라베스크 무늬의 양탄자가 깔려 있었습니다. 이를 통해 존슨은 아이디어의 출처에 대한 내막을 넌지시 밝히고 있었던 것이지요.

게다가 난로 이외에는 화장실도 세면기도 들여놓지 않은 이유에 대해, 이 서재를 금욕적이며 명상적인 공간으로 만들고 싶었기 때문이라고 합니다. 존슨은 원추 정상 부분을 수평으로 자른 천창을 통해 들어온 자연광이 그 안에서 확산되어 쏟아져 내리는 모습을 판테온의 돔에서 비쳐 들어오는 빛과 같다고 설명하기도 했지요.

실제로 방문해보니 사진으로 익숙하게 보아왔던 모습과 실제 건물 사이의 가장 큰 차이점은 외벽의 색이었습니다. 제 기억으로 그 서재는 에게해 섬들의 민가처럼 새하얀 빛깔에, 석고 데생용의 기하학 입체와도 같은 것이었습니다. "건축, 그것은 태양광 아래에서 형태가 만들어내는 정확하면서도 웅장하고 아름다운 장난이다." 저는 존슨이 르 코르뷔지에의 이 말을 그대로 형태로 치환해 보여줄 것이라 생각했고, 실제로 그러한 빛의 효과를 볼 수 있을 것이라 기대하고 있었습니다.

그러나 실제로 보니 서재의 외벽은 전체적으로 코코아 색깔로 바뀌

초원 속에 오도카니 서 있는 존슨의 〈서재〉. 완성 후 얼마간은 새하얀색으로 칠해져 있었고, 그래서 한층 더 조각처럼 보였지요. 그러나 아쉽게도 지금은 코코아색으로 바꿔 칠해 놓았네요.

칠해져 있었습니다. 초지에 놓여 있는 순백의 조각 표면에서 빛과 그림자가 서로 장난치며 시간과 함께 이동해가는 모습을 보고 싶었지만 그 기대는 완전히 배신당하고 말았습니다. 갑자기 기분이 처지고 말았지요. 필립 존슨은 심술궂은 성격으로, 태연하게 남의 신경을 거스르기도 한다는 이야기를 들은 적이 있는데 저 역시 보기 좋게 당하고 말았던 셈입니다.

다시 힘을 내 기분을 바꿔봅니다. 길고 두꺼운 문을 열고 안으로 들어가 보니, 다행히 실내는 (바닥의 양탄자 이외에는) 사진에서 본 그대로

책장을 끼워넣은 벽으로 삼면이 둘러싸인 〈서재〉 내부. 원형 코너 중심에 존슨의 책상이 있고, 그 정면으로 밖을 바라보는 고정창이 있지요. 원추형의 천창을 통해 책상 위로 부드러운 자연광이 쏟아집니다.

였지요. 세 개의 책장에 가득 들어찬 책들이 조심스럽게 발을 들여놓는 저를 조용히 맞이해 줍니다. 책장 전체의 치수뿐만 아니라 책장 선반의 수치에까지 세심하게 주의를 기울여 만들었다는 것을 한눈에 알 수 있었던 훌륭한 책장이었지요. 책장을 바닥에 놓지 않고 일부러 바

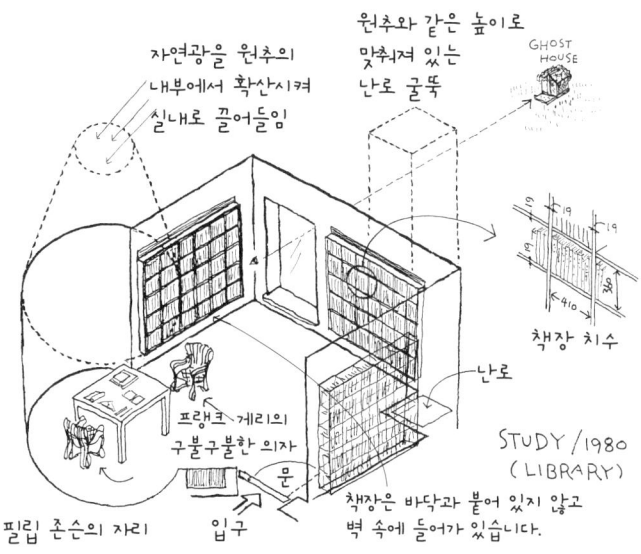

닥에서 띄워 벽 속에 집어넣은 부분에 있어서도 존슨의 디자인 감각을 엿볼 수 있었습니다. 책장과 책에 특별한 애정이 있는 저는 잠시 넋을 잃은 채 책장의 전체적인 비율과 책등에 새겨진 문자 하나하나를 유심히 들여다보았습니다.

두꺼운 벽과 튼튼한 출입문 덕분으로 외부의 소리는 차단됩니다. 때문에 실내는 우물 밑바닥처럼 깊은 정적에 둘러싸여 있지요. 왼쪽 등 뒤를 돌아보니 원추형의 천장을 통해 신성한 빛이 내려오는 원통 밑으로 제단과 같은 장소가 있고 그곳에 존슨은 책상을 놓아두었습니다. 흰색으로 도장된 정사각형 책상 위. 존슨이 애용하던 제도 도구와 트레이싱 페이퍼, 몇 권의 책들이 깨끗하게 정리되어 있네요. 바로 조금 전까지도 그곳에 앉아 있던 존슨의 체온이 아직 그대로 남아 있는 것 같은 느낌이었습니다. 프랭크 게리가 디자인한 꾸불꾸불한 의자에 앉아

봅니다. 존슨의 자리였지요. 정면의 창 너머로 상쾌한 6월의 바람이 신록의 나뭇잎을 흔들며 지나가는 것이 보입니다.

고스트 하우스 Ghost House

서재 벽에 뚫려 있는 통창으로 밖을 바라봅니다. 집의 형태를 한 풀더미가 거의 정면 방향에서 숲을 등지고 웅크리고 있는 모습이 눈에 들어오네요. 잘 보니, 그것은 속이 꽉 찬 덩어리가 아니라 내부에 빈 공간을 가진 새장 형태의 건조물임을 알 수 있었습니다.

건조물이라고 쓰기는 했지만 이 역시 필립 존슨에게 있어서는 버젓한 〈건축〉입니다. 물론 필립 존슨이 설계한 것으로, 그는 이 건축에 〈고스트 하우스〉라는 이름까지 붙여주었습니다. 존슨이 고스트 하우스라고 이름 붙인 이유에 대해서는 알 수 없지만, 덩굴식물에게 완전히 뒤덮인 금속 와이어로 된 집에 고스트 하우스라는 단어는 너무나도 잘 어울려 보입니다. 그렇지 않나요?

자, 이제부터 고스트 하우스의 유래를 들려드릴게요. 어느 날 존슨은 집 주변 숲 안쪽에 방치되어 있는 낡은 창고의 기초를 발견하게 됩니다. 그리고 그 기초가 "자신의 기초 위에 건물을 세워주길 바라고 있는 듯" 보였다고 합니다. 로맨티스트인 필립 존슨의 건축적 마인드와 의욕이 자극받게 된 것이지요. 그 즈음 금속망이라는 저가의 건축 소재가 지닌 가능성을 탐구해 보고자 하는 의욕이 있기도 했고, 사슴이 구근을 먹어치우지 못하도록 백합을 키울 장소가 필요하기도 했던 존

오래된 창고의 기초 위에 지어진 〈고스트 하우스〉. 덩굴식물로 뒤덮여 유령처럼 웅크리고 있는 모습이 이름 그대로입니다.

〈고스트 하우스〉는 사슴의 침입을 막으며 백합 구근을 기르기 위한 울타리로, 가격이 싼 금속망을 이용해 집 모양으로 만들었습니다.

〈글라스 하우스〉에서는 〈서재〉가 →

〈조각 갤러리〉에서는 〈브릭 하우스〉와 〈글라스 하우스〉가 →

슨은(건축놀이를 시작하기 위한 그럴싸한 이유가 고루 갖춰졌다는 것이 본심이겠지요.) 숲 속의 버려진 창고의 기초 위에 고스트 하우스를 만들기로 합니다.

그런데 제가 바로 앞에서 서재에서 고스트 하우스를 바라본 전망에 대해 쓴 이유가 있습니다. 뉴캐넌 부지 안에 뚝뚝 떨어져 있는 건물과 건물 사이에는 투명한 〈시각의 끈〉이 연결되어 일종의 〈별자리〉를 형성하고 있는 듯 보였기 때문입니다.

필립 존슨 282

⟨서재⟩에서는 ⟨고스트 하우스⟩와 → ⟨다 몬스타⟩가 보이지요.

존슨은 하나의 건물을 세우면 거기에서 보이는 풍경 속에 무언가 초점이 되는 건물을 하나 더 세우고 싶어 하는 인물이었나 봅니다. 이렇듯 건물 상호간의 ⟨본다/보인다⟩라는 긴밀한 관계는 글라스 하우스와 브릭 하우스에서 처음 시작된 이후 뉴캐넌의 건축물 전체를 관통하는 테마가 되었다고 해도 좋을 것입니다. 브릭 하우스를 완성한 직후 글라스 하우스를 짓고, 그림 갤러리를 완성한 후 조각 갤러리를 짓고, 서재를 완성한 후 고스트 하우스를 지었다는 사실이 뉴캐넌의 건축물 전체를 관통하는 테마에 대해 확실히 증명해주고 있는 셈이지요.

　이렇게 하여 건물은 시각적이며 의식적인 면에서 연쇄적으로 연결되어 갑니다. 각각의 건물은 용도와 테마, 구조나 소재, 형태나 색채 등 모든 면에서 전혀 다른 건축물임에 틀림없습니다. 그러나 전체적으로 보면 그 연결방식이 하나의 세계와 통하는 멋과 맛을 만들어내고 있습니다.

링컨 커스틴 타워 Lincoln Kirstein Tower

파빌리온이 떠 있는 연못을 오른쪽에 두고 완만한 오르막의 오솔길을 통해 숲 속으로 들어갑니다. 조금 걷다보면 얇은 크림빛의 각설탕을 정성껏 쌓아 올려둔 것 같은 탑이 나무 사이로 불현듯 나타납니다. 주변을 둘러싸고 있는 키 큰 활엽수와 높이를 경쟁하며 발돋움이라도 하려는 듯 위쪽으로 올라가고 있는 조각적인 느낌의 이 탑은, 뉴욕시립발레단의 창설자이자 오랜 기간 동안 총감독을 맡기도 한 링컨 커스틴에게 바쳐진 메모리얼 타워입니다. 그러고 보니 이 탑의 모습이 토슈즈를 신고 양손을 머리 위로 높이 들어올린 가녀린 몸매의 발레리나를 추상화한 것처럼 보이기도 하네요. 저명한 시인이기도 했던 링컨 커스틴은 필립 존슨과는 한 살 차이로, 두 사람은 하버드 대학 학생시절부터 친구 사이였지요. 1964년, 뉴욕링컨센터 한편에 필립 존슨이 설계한 뉴욕주립극장이 완성되었는데 이 극장이 뉴욕시립발레단의 본거지이기도 했습니다.

저는 2007년 초여름과 늦가을, 이렇게 두 번 링컨 커스틴 타워의 꼭대기까지 올라가 보았습니다. 원래부터 이 탑은 그저 바라보기만 하는 탑이 아닙니다. 올라가기 위한 디자인으로 되어 있기 때문에 〈계단의 오브제〉라고 바꿔서 말할 수도 있지요. 탑에 가까워지기 시작할수록 규칙적으로 쌓아 올린 콘크리트 블록의 계단 한 단 한 단이 마치 손짓이라도 하는 듯 보입니다. 사람의 마음을 제일 처음의 계단으로, 그리고 그 탑의 가장 높은 곳으로 초대하려는 것처럼 말이지요.

그러나 사진을 보시면 아시겠지만, 이 탑은 고소공포증이 있는 분께는 도무지 추천해 드릴 수 없는 위태위태한 구조물입니다.

숲 속 나무들 사이, 발돋움하는 발레리나처럼 곧게 서 있는 〈링컨 커스틴 타워〉를 소개합니다.

아무튼 이 탑은 가로 세로 높이가 각각 40센티미터인 정육면체 계단의 집합체입니다. 물론 낙하 방지를 위한 난간이나 잡고 올라갈 손잡이 또한 없습니다(그런 것이 있었다면 오히려 이 탑의 매력이 손상되고 말았겠지요). 탑의 꼭대기에 있는 금석문을 읽기 위해서는 무서워 벌벌 떨면서도 스물한 개의 계단을 올라 지상에서 8미터 40센티미터의 높이에 있

탑 꼭대기에 있는 금석문을 읽기 위해서는 콘크리트 블록을 쌓아 올린 계단을 8미터 40센티미터 높이까지 올라가야만 합니다.

는 블록까지 올라가지 않으면 안 됩니다. 제가 높은 곳을 무서워하는 편은 아니지만, 그럼에도 블록 벽을 짚으며 한쪽 팔로는 기둥을 끌어안으며 기어오를 수밖에 없었지요.

여기서 잊지 말고 써두고 싶은 것이 있습니다. 실제로 탑을 오르며 위험의 감각만을 느낀 것은 아니었다는 사실입니다. 탑을 올라가다 보면 웅크리거나 빠져나가거나 잠시 서 있을 수 있는 공간이 마련되어 있어 시각적으로도 그렇고 몸을 움직이는 데 있어서도 놀라울 정도로 풍부한 변화를 보여줍니다. 이러한 변화 덕분에 인간 내부에 잠재되어 있는 모험심과 호기심을 자극하는 놀이기구로써 이 탑을 즐길 수도 있지요. 이 두근거리는 감각은 나무 타기의 즐거움과 가장 근접해 있다는 생각이 들더군요.

또 하나, 40센티미터라는 기본 단위(전문용어로는 모듈이라고 하지요.)

필립 존슨 286

가 이 탑의 성공을 가져온 결정타였다는 사실입니다. 만약 그것이 약간 더 넓은 45센티미터의 모듈이었다면, 발레리나처럼 팽팽한 이 탑의 긴장감이 순식간에 느슨해졌을 것이고 탑에 올라가는 것도 불가능했을 겁니다. 그러나 반대로 그 기본 단위가 35센티미터였다면, 벽 사이를 빠져나가는 치수로는 성립하지 못했을 것입니다. 또한 35센티미터 모듈의 폭과 높이였다면, 계단으로써 올라가기는 확실히 쉬워질 테지만 힘껏 발을 내딛으며 안전을 확인하는 과정은 소홀히 하게 되어 그것이 역으로 더 위험해졌을 것이라 생각됩니다.

어느 다큐멘터리 속에 필립 존슨이 이 탑의 4분의 1 지점까지 올라가는 장면이 있었습니다. 당시의 존슨은 벌써 아흔을 바라보고 있는 나이였지요. 그야말로 보는 사람의 손에 땀을 쥐게 하는 스릴 넘치는 장면이었습니다. 그 당시 필립 존슨은 〈세이프-데인저 safe-danger〉(안전과 위험이 서로 등을 맞대고 있음)라는 단어를 사용하며 이 탑에 대해 설명하고 있었습니다. 존슨은 건물이 사람의 심리나 신체적인 감각에 미치는 영향에 대해 글과 말을 통해 반복해서 언급한 사람이었지요. 그러므로 그는 건축가로서 그것에 대한 소중한 감각을 잊지 말자는 생각을 끊임없이 하고 있었다고 보여집니다. 이 탑이 완성된 1965년은 AT&T 빌딩이 완성된 직후로 립스틱 빌딩 등 대규모 프로젝트가 복잡하게 진행되던 시기였습니다. 그런 시기에 이처럼 신체적인 스케일 감각을 지니고 있으며 인간의 동작과 심리를 정면에서 마주하는 탑이 디자인되었다는 것은 단순한 우연이 아닐지도 모릅니다.

"신체적인 감각을 잃지 않도록 스스로 경계하자는 마음도 이 탑에 담겨 있는 건가요?"

만약 필립 존슨이 곁에 있다면 그렇게 물어보고 싶었습니다.

마지막으로, 이 탑에 올라가 꼭대기에 있는 금석문을 읽을 분이 거의 없을 것 같으니 그 금석문에 새겨진 글을 여기에 소개해 드릴게요.

탑 꼭대기에 있는 금석문
(수수께끼 같은 문장이네요.)

다 몬스타 Da Monsta

"규구준승規矩準繩을 바로잡는다."라는 말이 있습니다. 모든 것들의 준칙을 제대로 정리하자는 뜻이지만, 원래 〈규구준승〉의 의미는 컴퍼스, 곡자, 수평기 등을 가리키는 말이었습니다. 건축의 모든 기준이 되는 것이 직각, 수평, 수직, 원 등이므로 어긋남 없이 하자는 것에서 생겨난 말이라고 생각합니다.

그러나 20세기도 점점 세기말에 가까워지고 있던 1980년대 말, "뭐랄까, 규구준승 같은 건 정말 답답해.", "건물이 뒤틀어지든, 기울어지든, 물결 지든, 상관없지 않나?", "그럼. 그런 게 훨씬 더 순수한 거야!"라고 말하는 파격적인 건축가들이 등장하기 시작합니다. 이런 일파의 주장을 〈디콘스트럭티비즘deconstructivism〉이라는 발음하기도 힘든 이름으로 부릅니다. 해석하자면 〈해체주의〉라고 할 수 있지요. 단어만으로 이해하기 어려우시다면, 프랭크 게리가 설계한 스페인의 빌바오 구

이것이 건축물? 수평, 수직, 직각, 직선을 무시한 조각적인 〈다 몬스타〉. 〈규구준승〉이라는 말을 완전히 거스르고 있는 건물입니다.

존슨은 〈다 몬스타〉라 이름 붙인 이 건물을 애완동물처럼 생각했던 모양입니다. 승마를 좋아하는 사람이 애정 어린 손길로 말의 머리를 만지듯, 건물에 다가갈 때마다 곡면의 외벽을 탁탁 두드렸다고 하네요.

겐하임 미술관 등을 잠시 둘러보신다면 어떨까요. 얼마나 기묘하고 별난 건물을 해체주의가 탄생시켰는지 바로 이해되실 겁니다.

만약 만담의 세계에 이렇듯 튀는 젊은이들이 등장했다면 나이 든 사람이 눈썹을 찡그리며 그들을 불러 세워서는 한바탕 설교를 할 대목이지만, 20세기 건축의 대가였던 필립 존슨은 설교를 늘어놓는 그런 촌스러운 짓은 하지 않았습니다. 그러기는커녕 "오, 재미있는데. 너희들이 하고 싶은 대로 해보렴. 아니면 내가 너희들을 위해 발 벗고 나서주랴?"고 자청하며, 당당히 그들의 선봉에 서서 1988년에 뉴욕현대미술관에서 대대적인 〈해체주의 건축전〉을 개최하게 됩니다. 그리고 이 전람회가 건축계에 일대 센세이션을 불러일으키게 되지요. 필립 존슨이

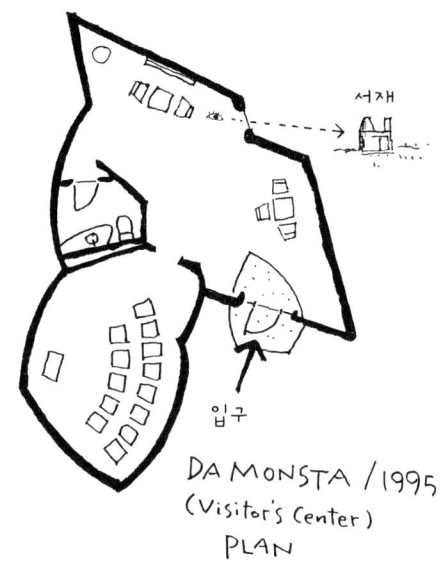

DA MONSTA / 1995
(Visitor's Center)
PLAN

여든둘이었을 때의 일입니다.

존슨은 친근함을 담아 그들을 〈키즈kids〉라고 불렀지요. 전람회를 개최하면서 수많은 키즈로부터 커다란 자극과 영향을 받은 존슨은 그 이듬해부터 새로운 건물의 설계에 착수하게 됩니다. 그것이 후에 〈다 몬스타〉라는 이름이 붙여질 건물이지요.

이 건물은 글라스 하우스의 방문객 센터로 만들어졌습니다. 이 기묘한 건물을 어떻게 설명해야 할지, 제가 가진 어휘로는 도저히 그 형태를 제대로 전하기가 쉽지 않네요. 그야말로 규구준승이라는 단어를 완전히 뒤집어놓은 것 같은 이 건물의 아이디어는 사실 프랭크 스텔라의 조각에서 비롯되었습니다. 존슨과 스텔라는 친한 친구 사이로, 오래전부터 스텔라의 재능과 예술을 높이 평가했던 존슨은 그의 초기 회화 작품도 다수 가지고 있었지요. 스텔라가 그림에서 조각으로 전공을 바꾸

〈다 몬스타〉 내부. 꼬부라지고, 굽이치고, 비틀어지고, 물결 치는 벽. 창에서 들어오는 자연광과 인공조명이 환상적인 분위기를 뿜어내고 있습니다.

었을 때에도 존슨의 평가는 변하지 않았고, 그의 거대한 조각작품을 손에 넣어 뉴캐넌의 조각 갤러리에 전시하기도 했습니다. 다 몬스타의 어디까지가 스텔라의 작업이고 어디까지가 존슨의 작업인지 분명하지 않기 때문에 여기서는 일단 공동작업이라고 해두고 싶네요. 그러나 〈조각작품을 건축으로 표현했다〉는 것이 존슨의 작업임은 분명하지요.

활처럼 굽은 곡면을 몇 장이나 조합하여 이 건물을 만들어내는 공사 모습은 「필립 존슨-괴짜 건축가의 일기」라는 다큐멘터리 영상에 수록되어 있습

변형된 모양의 창. 〈다 몬스타〉의 유일한 창이죠. 저 멀리 숲을 등 뒤로 한 〈서재〉가 보입니다.

니다. 필립 존슨이 공사 중인 현장에 스텔라를 초대해 건물을 보며 기쁜 듯 담소를 나누는 모습이나 마치 장난감을 주문해둔 소년처럼 눈을 반짝이는 모습, 마음이 들떠 손을 비비는 장난기 어린 장면들 때문에 어느새 저도 모르게 미소를 짓게 되었지요.

이 건물을 설계한 1995년, 필립 존슨은 다음과 같은 말을 남겼습니다.

"지금도 내 마음 깊은 곳에서는 새로운 건물의 아이디어가 계속해서 떠오른다. 하지만 더 이상 뉴캐넌에 새로운 건물을 지을 기회가 찾아오지는 못할 것이다. 뭐, 그래도 좋다. 이곳에 더 이상 새로운 건물은 필요 없을 테니까. 계속 써가던 건축일기도 이제 슬슬 끝내야 할 것 같다."

존슨이 예상했던 대로 다 몬스타는 뉴캐넌에 지어진 마지막 건물이 되었습니다.

에필로그:
하늘로 향하는 글라스 하우스

"눈 내리는 밤, 글라스 하우스에 내려 쌓이는 눈을 바라보고 있으면 눈이 내리는 것이 아니라, 집이 공중으로 떠올라 그대로 천천히 하늘로 올라가는 것 같은 기분이 들더군. 그것은 실로 환상적이며 너무도 아름다운 장면이지."

어느 날, 필립 존슨은 단골 레스토랑 〈포 시즌〉의 웨이터 니콜리니에게 이런 말을 했다고 합니다.

니콜리니에게 이 이야기를 듣고 있자니 존슨의 한 일화가 떠오릅니다. 최후의 최후까지 글라스 하우스에 머무르며, 뉴욕 병원의 병실이 아닌 글라스 하우스의 침실에서 숨을 거두었다고 하는, 존슨의 진면목이 그대로 드러나는 일화 말입니다.

필립 존슨이 숨을 거둔 것은 2005년 1월 15일이었습니다.

안타깝게도 그날 눈이 내렸는지 내리지 않았는지, 임종할 때가 낮이었는지 밤이었는지는 확실하지 않습니다. 그러나 그 이야기를 듣던 순간, 존슨의 육신을 담은 〈거대한 관〉이 된 글라스 하우스가, 펑펑 쏟아져 내려오는 눈 속에서, 조용히 하늘로 올라가는 장면을, 생생히 본 것 같은 기분이 들었습니다.

필립 존슨 씨, 안녕히 가세요!

글을 닫으며

혼자서 여행을 하다 보면 마음속 깊이 감상에 젖게 되는 순간이 있습니다.

하나의 여행을 끝내고 귀국이 내일로 다가온 날 밤, 어지러운 트렁크 속 짐을 전부 꺼내 하나하나 정리정돈해가며 혼자 짐을 꾸릴 때 그러한 감상이 몸 속 깊은 곳까지 지긋이 스미고는 하지요. (그런 경험, 독자 여러분들도 있으시죠?) 열흘간의 여행이었다면 열흘 동안, 한 달간의 여행이었다면 한 달 동안, 트렁크 속은 그 여행의 시간이 퇴적된 지층처럼 되어 있기에 가방 속을 뒤져보는 것만으로도 감상이 끓어오르지요.

트렁크 바닥에서 여행 첫날 묵었던 호텔의 봉투와 편지지가 나온다거나, 결국 그 여행에서는 사용하지 못했던 머플러에, 친구에게 줄 선물로 산 소품이 둘둘 말려 있는 것을 발견한다거나, 레스토랑의 명함에서 서글서글하고 명랑하던 웨이터의 얼굴과 인상 깊었던 요리를 떠올린다거나, 샀다는 것조차 잊어버리고 있던 엽서가 미술관의 팸플릿 사이에 끼워져 있는 것을 발견한다거나. 이럴 때마다 "아, 그런 일도 있었구나.", "그러고 보니 그런 사람도 있었네." 하며 꽤나 옛날 일이었던 것처럼 그리운 마음이 들기도 하지요.

이런 이야기를 꺼내는 까닭은 〈후기〉를 써볼까 싶어 세계의 집을 순례하며 걸었던 최근 몇 년간의 여행을 되짚어보다 보니, 불현듯 귀국 전날 밤 트렁크를 뒤집어 짐을 정리하는 것 같은 기분이 들었기 때문입니다.

1995년 여름부터 저의 〈주택순례〉가 시작되었으니 올해까지 7년 동안의 긴 여행이었습니다. 트렁크 속에 퇴적된 시간과 기억도 그만큼 두꺼워졌고, 그곳에서 느끼는 감상도 한층 더 깊어집니다.

그 동안 세계 각지에 남아 있는 주택의 명작을 30채 정도 견학했고, 『집을, 순례하다』 시리즈를 통해 그 중 17채의 주택을 선별해 글을 쓰게 되었습니다.

갑작스러운 부탁이었음에도 불구하고 흔쾌히 견학과 취재를 허락해주신 거주자 분들과 그곳을 설계한 건축가분들, 그리고 역사적인 것으로 되어버린 주택을 애정을 가지고 관리하고 계신 관계자 여러분들의 웃는 얼굴과 부드러운 말투가 생생하게 떠오릅니다. 먼저 그분들께 마음으로부터 감사의 말씀을 드립니다.

『집을, 순례하다』 시리즈 두 권의 책이 세상에 나올 수 있었던 것은 잡지에 연재를 했기 때문에 가능했던 일입니다. 잡지 연재의 기회를 주신 야마다 기미에 씨께 뒤늦게나마 이 자리를 빌려 감사의 말씀을 드립니다.

　마지막으로, 건축을 좋아하고 주택을 좋아하는 친애하는 독자 여러분께 동지의 우정을 담아 특별한 감사의 말씀을 드리지 않을 수 없네요. 독자 여러분 한 분 한 분께 이야기하듯 글을 쓸 수 있었고, 그 덕분으로 이 책이 세상에 나올 수 있었으니 말입니다.

2002년 10월
나카무라 요시후미

추신

오랫동안 절판되었던 『집을, 순례하다 속편』을 이번에 『다시, 집을 순례하다』라는 제목으로 새롭게 출판하게 되었습니다.

　건축을 좋아하고 주택을 좋아하는 독자들로부터 "왜 그 책이 절판된 거죠?"라든가, "언제 다시 출간되나요?"라는 질문을 들을 때마다 어물쩍대며 넘어가곤 했었지요. 일단은 이렇게 다시 출판할 수 있게 되어서 마음이 편해졌습니다.

　이번 책의 제목을 새로 정하게 된 것은 『집을, 순례하다 속편』의 일부를 생략하고, 대신 필립 존슨이 자신의 자택 부지에 스스로 즐기면서 지속적으로 만들어냈던 일련의 건축 작품을 후반 부분에 수록했기 때문입니다. 필립 존슨의 장을 추가하는 것으로 주택에만 한정되지 않고 폭넓고 깊이 있는 건축 세계의 다면적인 모습을 전할 수 있었다고 생각합니다.

   세월의 바닥에 가라앉아 있던 책을 건져 올려 새롭게 다시 출판할 수 있도록 저를 부추겨주신 독자 여러분께 또 한 번 감사드립니다.

2010년 12월

나카무라 요시후미

독자들을 위한 주택순례 안내도

•
스미요시 연립주택 : 안도 다다오
주소 : 오사카 스미요시구

개인주택이므로 견학은 불가능하지만 거리 속에 속해 있는 작은 상자처럼 사랑스러운 외관만으로도 봐둘 가치가 있습니다. 지나는 길에 들르듯, 그곳에 거주하는 분들께 폐 끼치지 않으면서 동시에 수상한 눈길을 받지 않도록 조심하면서 가볍게 견학해 보는 것은 어떨까요?

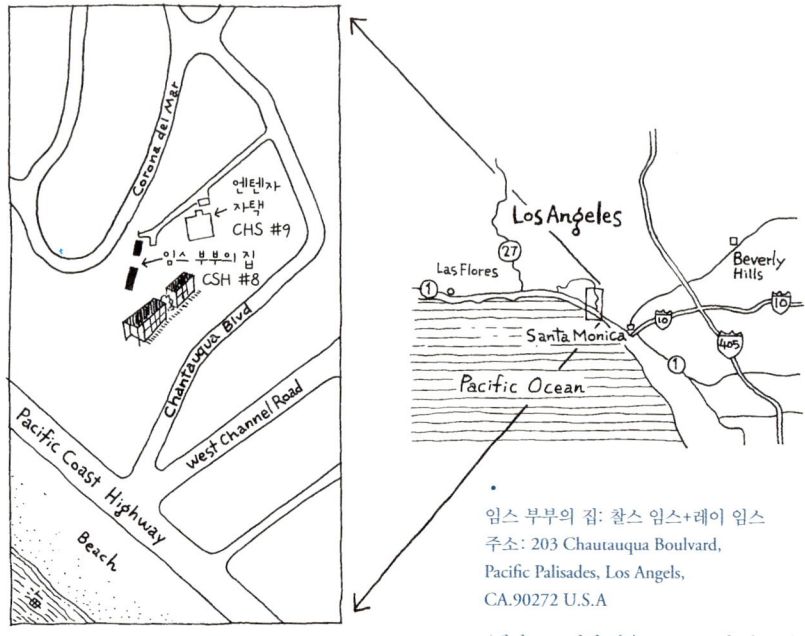

•
임스 부부의 집: 찰스 임스+레이 임스
주소 : 203 Chautauqua Boulevard,
Pacific Palisades, Los Angels,
CA.90272 U.S.A

〈케이스 스터디 하우스 No. 8〉이 임스 부부의 집. 그 앞에 에로 사리넨과 임스 부부가 공동으로 설계한 존 엔텐자의 집 〈케이스 스터디 하우스 No. 9〉이 있으니 이 주택도 놓치지 마시길. 견학을 위해서는 예약이 필요합니다. 월요일부터 금요일까지는 오전 10시부터 오후 4시 30분까지, 토요일에는 오전 10시부터 오후 3시까지 견학 가능합니다.

견학 신청
Tel : +1-310-459-9663
Eames Office
info@eamesoffice.com

- 키에르홀름의 집 : 한네 키에르홀름+파울 키에르홀름
주소 : Rungsted Copenhagen, Denmark
개인주택이라 견학은 불가능합니다.

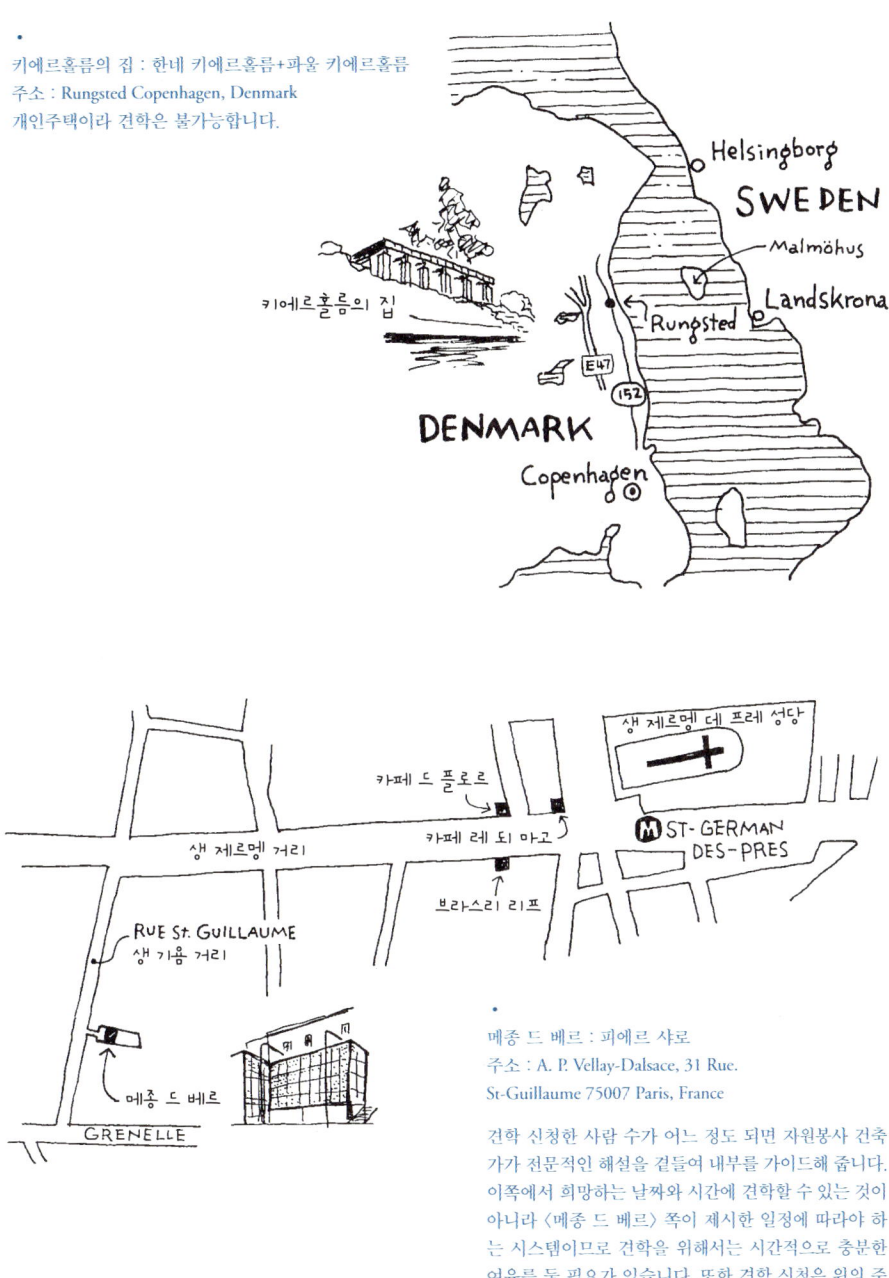

- 메종 드 베르 : 피에르 샤로
주소 : A. P. Vellay-Dalsace, 31 Rue.
St-Guillaume 75007 Paris, France

견학 신청한 사람 수가 어느 정도 되면 자원봉사 건축가가 전문적인 해설을 곁들여 내부를 가이드해 줍니다. 이쪽에서 희망하는 날짜와 시간에 견학할 수 있는 것이 아니라 〈메종 드 베르〉쪽이 제시한 일정에 따라야 하는 시스템이므로 견학을 위해서는 시간적으로 충분한 여유를 둘 필요가 있습니다. 또한 견학 신청은 위의 주소로 반드시 편지로만 받습니다.

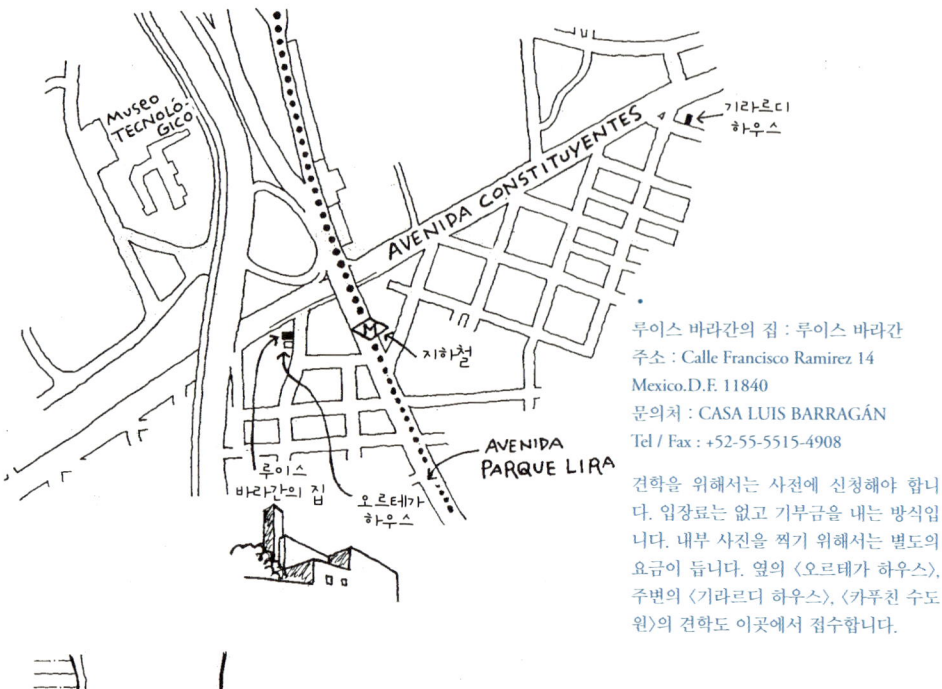

루이스 바라간의 집 : 루이스 바라간
주소 : Calle Francisco Ramirez 14
Mexico.D.F. 11840
문의처 : CASA LUIS BARRAGÁN
Tel / Fax : +52-55-5515-4908

견학을 위해서는 사전에 신청해야 합니다. 입장료는 없고 기부금을 내는 방식입니다. 내부 사진을 찍기 위해서는 별도의 요금이 듭니다. 옆의 〈오르테가 하우스〉, 주변의 〈기라르디 하우스〉, 〈카푸친 수도원〉의 견학도 이곳에서 접수합니다.

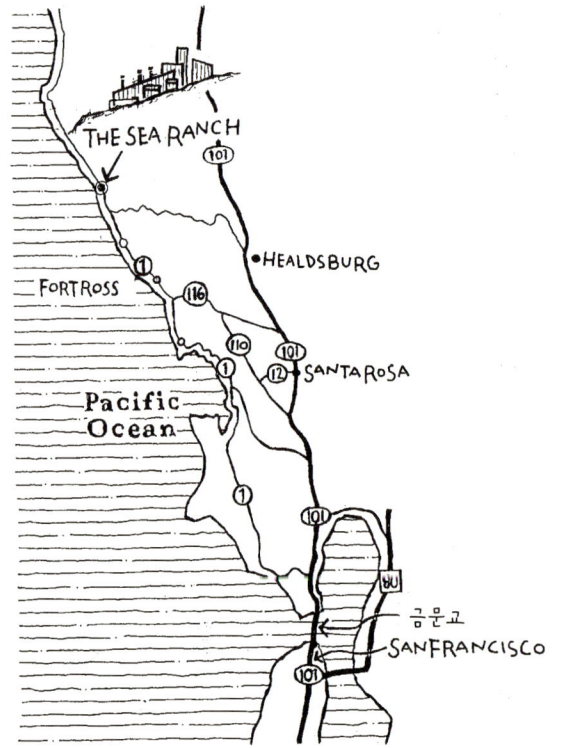

시 랜치 : 찰스 무어와 동료들
주소 : The Sea Ranch,
Lodge 60 Sea Walk Drive,
CA 95497 U. S. A.
문의처 : www.searanchlodge.com
Tel : +1-707-785-2371
Fax : +1-707-785-2917

〈시 랜치〉 콘도미니엄의 몇몇 유닛은 대여 별장으로, 숙박도 가능합니다(단, 최소 2박 이상). 저는 기쁘게도, 찰스 무어의 별장이었던 〈No. 9〉 유닛을 빌릴 수 있었지요. 〈시 랜치〉 별상지 안에 윌리엄 턴불 주니어가 설계한 〈바너클 하우스〉(헛간풍 주택)라 불리는 별장도 있습니다. 〈시 랜치〉와는 또 다른 맛을 지닌 곳이지요. 신청하면 이곳에서도 숙박이 가능합니다.

- 까사 그랑데 : 안젤로 만자로티+브루노 모라스티
주소 : San Martino di Castrozza, Italy
개인주택이라 견학이 불가능합니다.

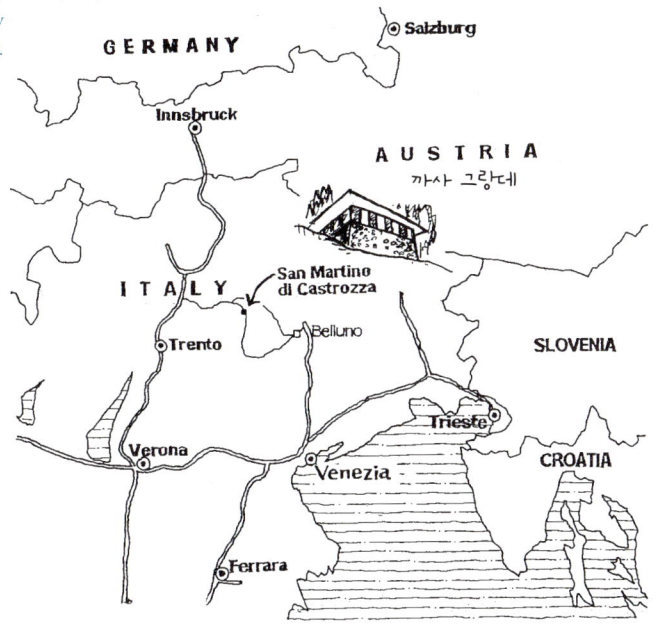

- 글라스 하우스 : 필립 존슨
주소 : Ponus Ridge Rd New Canaan, CT 06840 U. S. A.

〈글라스 하우스〉와 그 부속 건물인 〈브릭 하우스〉, 〈그림 갤러리〉, 〈조각 갤러리〉, 〈서재〉, 〈다 몬스타〉 등은 미리 신청하면 견학할 수 있습니다.

견학 신청 : The Glass House
Visitor Center
199 Elm Street
New Canaan, CT 06840 U. S. A.
Philipjohnsonglasshouse.org
Tel : +1-203-594-9884

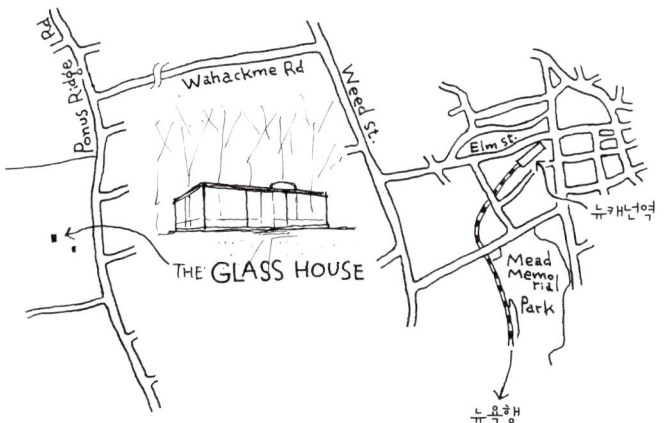

옮긴이

정영희 동국대 국어국문학과를 졸업했다. 현재 전문 번역가로 활동 중이며, 우리말로 옮긴 책으로는 『집을 생각한다』, 『내 마음의 건축』, 『소품으로 꾸미는 나만의 정원』, 『디자인의 꼼수』, 『디자인의 꼴』 등이 있다.

다시,
집을
순례하다
—

1판 1쇄 펴냄 2012년 1월 7일
1판 9쇄 펴냄 2023년 8월 30일

지은이   나카무라 요시후미
옮긴이   정영희
펴낸이   권선희

펴낸곳 사이
출판등록 제313-2004-00205호
주소 03938 서울시 마포구 월드컵로 36길 14 516호
전화 02-3143-3770
팩스 02-3143-3774

ⓒ 사이, 2012, Printed in Seoul, Korea

ISBN 978-89-93178-13-5 13540

• 잘못된 책은 바꿔드립니다.